# 轻松玩转

快学习教育 编著

# Scratch 3.0
# 30个 少儿趣味编程项目

## 全程图解

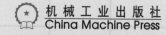

机械工业出版社
China Machine Press

# 图书在版编目（CIP）数据

轻松玩转 Scratch 3.0：30 个少儿趣味编程项目全程图解／快学习教育编著. —北京：机械工业出版社，2019.9

ISBN 978-7-111-63574-1

Ⅰ. ①轻… Ⅱ. ①快… Ⅲ. ①程序设计－少儿读物 Ⅳ. ① TP311.1-49

中国版本图书馆 CIP 数据核字（2019）第 185669 号

Scratch 是美国麻省理工学院（MIT）多媒体实验室开发的少儿编程软件。本书以 Scratch 3.0 为教学环境，通过剖析 30 个精美实例，让孩子在轻松愉悦的学习过程中掌握编程技能，锻炼逻辑思维能力。

全书共 7 章。第 1 章介绍 Scratch 这个编程软件，带领孩子迈入图形化编程的大门。第 2 ~ 7 章分别从动画制作、图案绘制、音乐创作、游戏制作等方面入手，指导孩子完成 30 个富有趣味的动画和游戏作品的制作，让孩子在实践中掌握编程的主要步骤，学会融会贯通，做到学以致用。

本书在讲解过程中尽量避免使用专业词汇，而是采用通俗易懂的语言，非常适合亲子共读，孩子和家长都能在学习过程中体验到编程的乐趣。

本书适合 6 岁及以上的孩子和他们的家长阅读，也可作为少儿编程培训机构的教学用书。

## 轻松玩转 Scratch 3.0：30 个少儿趣味编程项目全程图解

出版发行：机械工业出版社（北京市西城区百万庄大街 22 号　邮政编码：100037）

责任编辑：李杰臣　李华君　　　　　　　责任校对：庄　瑜

印　　刷：北京天颖印刷有限公司　　　　版　　次：2019 年 10 月第 1 版第 1 次印刷

开　　本：190mm×210mm　1/24　　　　印　　张：9

书　　号：ISBN 978-7-111-63574-1　　　定　　价：79.80 元

客服电话：(010)88361066　88379833　68326294　　　投稿热线：(010)88379604

华章网站：www.hzbook.com　　　　　　　　　　　　读者信箱：hzit@hzbook.com

# 前 言
## PREFACE

　　本书是一本实例型的少儿编程教程，以美国麻省理工学院（MIT）多媒体实验室开发的积木式图形化编程软件 Scratch 3.0 为教学环境，通过剖析 30 个精美实例，让孩子在轻松愉悦的学习过程中掌握编程技能，锻炼逻辑思维能力，从被动的享乐者变成主动的创造者。

## ◎内容结构

　　全书共 7 章。第 1 章介绍 Scratch 这个编程软件，带领孩子迈入图形化编程的大门。第 2 ～ 7 章分别从动画制作、图案绘制、音乐创作、游戏制作等方面入手，指导孩子完成 30 个富有趣味的动画和游戏作品的制作，让孩子在实践中掌握编程的主要步骤，学会融会贯通，做到学以致用。

## ◎编写特色

　　★由浅入深，轻松入门：本书采用由浅入深、循序渐进的思路来编排内容，让零基础的孩子也能轻松入门，并快速建立起学习的自信心。

　　★实例精美，步骤详尽：书中的实例针对孩子的心理特点进行了精心设计，实现的效果既美观又生动，能够大大激发孩子的学习兴趣。实例的每个步骤解析都配有清晰直观的图文说明，简单易懂，一目了然，更适合孩子阅读和理解。

　　★知识扩展，内容丰富：本书从孩子的学习能力和理解能力出发，贴心地设置了"技巧提示"小栏目，用于介绍扩展知识，点拨难点和重点，帮助孩子开阔眼界、加深理解。

## ◎适用范围

　　本书以 6 岁及以上的孩子和他们的家长为对象编写，内容通俗易懂，非常适合亲子共读，完全没有编程基础的家长也能轻松辅导孩子学习。此外，本书也可作为少儿编程培训机构的教学用书。

　　由于编者水平有限，在编写本书的过程中难免有不足之处，恳请广大读者指正批评，除了扫描二维码关注公众号获取资讯以外，也可加入 QQ 群 984996465 与我们交流。

编者

2019 年 7 月

# 如何获取学习资源

## 💬 扫描关注微信公众号

在手机微信的"发现"页面中点击"扫一扫"功能，进入"二维码/条码"界面，将手机摄像头对准右图中的二维码，扫描识别后进入"详细资料"页面，点击"关注公众号"按钮，关注我们的微信公众号。

## 💬 获取学习资源下载地址和提取密码

点击公众号主页面左下角的小键盘图标，进入输入状态，在输入框中输入5位数字"63574"，点击"发送"按钮，即可获取本书学习资源的下载地址和提取密码，如右图所示。

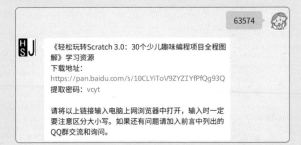

## 💬 提取和下载文件

在计算机的网页浏览器地址栏中输入获取的下载地址（注意区分大小写），如右图所示，按 Enter 键即可打开学习资源下载页面。

在学习资源下载页面的"请输入提取密码"文本框中输入获取的提取密码（注意区分大小写），再单击"提取文件"按钮。在新页面中单击打开资源文件夹，在要下载的文件名后单击"下载"按钮，即可将其下载到计算机中。如果页面中提示选择"高速下载"还是"普通下载"，请选择"普通下载"。下载的文件如为压缩包，可使用 7-Zip、WinRAR 等软件解压。

## 💬 在线观看教学视频

在微信公众号中发送关键词"515"，即可获取本书教学视频的在线观看链接。

> **提示：** 读者在下载和使用学习资源的过程中如果遇到自己解决不了的问题，请加入QQ群984996465，下载群文件中的详细说明，或者找群管理员提供帮助。

# 目 录
### c o n t e n t s

前言
如何获取学习资源

# 3 随机的魅力

# 4　变身绘画达人

# 5　让作品绘声绘色

# 6 数学也能趣味学

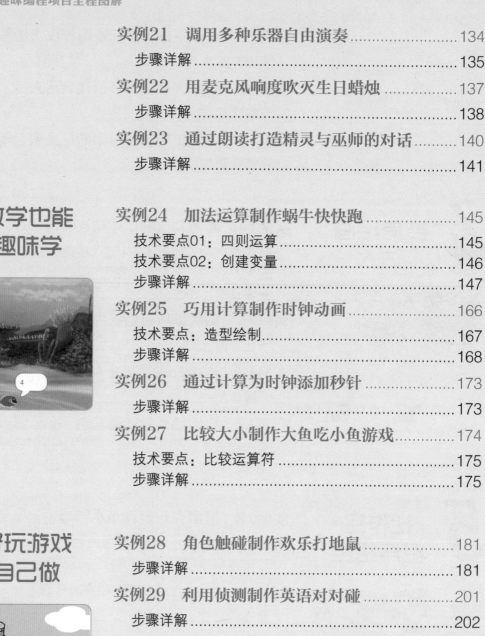

# 7 好玩游戏自己做

# 认识 Scratch 新朋友

Scratch 是一款由麻省理工学院（MIT）多媒体实验室设计开发的少儿编程工具。Scratch 最大的特点是采用图形化的编程方式，用户可以不认识英文单词，不用输入代码，只需要通过拖动积木块就能轻松地完成编程。下面就一起来认识 Scratch，熟悉 Scratch 的编程环境，学习各种积木块的应用吧！

# 使用 Scratch 离线版

Scratch 分为在线版和离线版两种。在线版需要有稳定的网络支持，离线版则可以不依赖网络运行。这里先来介绍 Scratch 3.0 离线版的下载和安装方法。

首先打开浏览器，在浏览器的地址栏中输入网址"scratch.mit.edu"，按下 Enter 键，进入 Scratch 的官网主页，如下图所示。

① 在地址栏中输入"scratch.mit.edu"

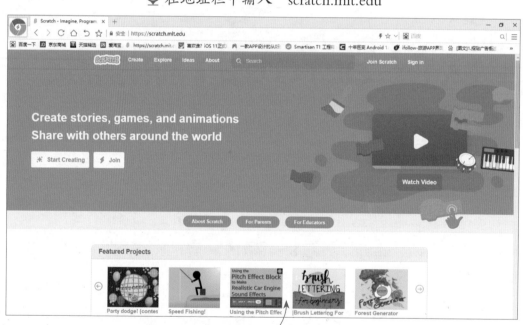

② 打开 Scratch 官网主页

打开后默认显示的是英文页面，这时可以滑动至主页底部，单击下三角按钮，在展开的列表中拖动滚动条，选择"简体中文"，如下左图所示。设置后可以看到网页语言已经变为简体中文，如下右图所示。

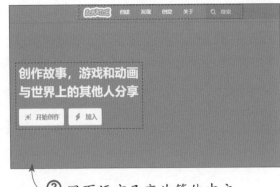

③ 网页语言已变为简体中文

② 选择"简体中文"

① 单击下三角按钮

修改网页语言后，单击"支持"栏目下方的"离线编辑器"链接，如下左图所示。在打开的"离线编辑器"网页中，根据自己的计算机操作系统选择系统类型，如 Windows，然后单击"下载"按钮，如下右图所示，将下载的 .exe 安装包文件保存到自己的计算机中。

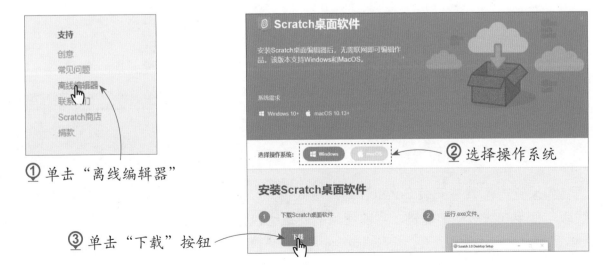

① 单击"离线编辑器"

② 选择操作系统

③ 单击"下载"按钮

在计算机中找到并双击下载好的安装包文件，依照安装提示，安装 Scratch 3.0，如右图所示。Scratch 3.0 默认安装在 C 盘中。

① 双击安装包启动安装程序

② 出现正在安装的界面，等待安装完毕

安装完毕后，可以在计算机桌面上找到 Scratch Desktop（即 Scratch 3.0）的快捷方式图标，双击图标，如下左图所示，即可启动程序。启动后的初始界面如下右图所示。

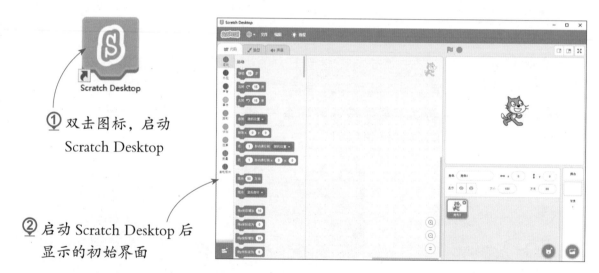

① 双击图标，启动 Scratch Desktop

② 启动 Scratch Desktop 后显示的初始界面

## 使用 Scratch 在线版

如果觉得下载并安装 Scratch 离线版太麻烦，那么也可以直接使用 Scratch 在线版。使用在线版的前提是，当前使用的网络比较稳定、可靠。

在浏览器中打开 Scratch 的官网主页，然后在主页上单击"创建"菜单或单击"开始创作"按钮，如下左图所示，即可进入 Scratch 3.0 在线版的编辑界面，如下右图所示。可以看到在线版的界面与离线版的界面差别不大，只是在界面右上角增加了"加入 Scratch"与"登录"两个快捷按钮。

单击红色框选处

如果想与世界各地的小伙伴分享自己的作品，同时也想见识其他小伙伴的作品，可以加入 Scratch 社区。单击页面右上角的"加入 Scratch"快捷按钮，打开"加入 Scratch"对话框，在对话框中依次填写信息以注册 Scratch 账号，如下左图所示，然后依次单击"下一步"按钮，设置个人账号信息，完成注册，如下右图所示。

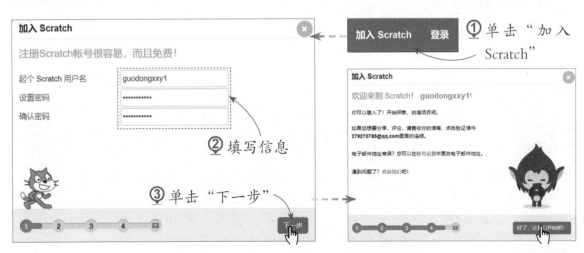

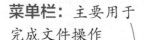

# 初识 Scratch 的用户界面

使用 Scratch 编写程序前，让我们先来了解 Scratch 的用户界面。Scratch 的用户界面主要由菜单栏、标签栏、模块分类区、积木块选择区、脚本区、角色区、舞台区等区域构成，如下图所示。

**菜单栏：** 主要用于完成文件操作

**标签栏：** 用于在选项卡之间切换

**舞台区：** 角色演出的区域，用于呈现作品的效果

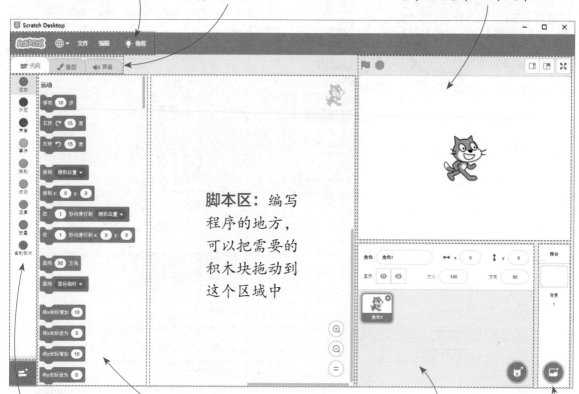

**脚本区：** 编写程序的地方，可以把需要的积木块拖动到这个区域中

**模块分类区：** 脚本模块分类，单击某个模块，将显示模块中包含的积木块

**积木块选择区：** 显示所选模块包含的所有积木块

**角色区：** 显示作品中使用到的所有角色，并可查看和设置角色的参数

**舞台设置区：** 用于更改舞台背景

## ◎ 菜单栏

Scratch 的菜单栏共有 3 个菜单项，分别是"文件""编辑""教程"，如下图所示。下面简单介绍这 3 个菜单项的功能。

### 💬 "文件"菜单

"文件"菜单主要用于创建新项目、保存项目、打开项目等。在线版的"文件"菜单内容如下左图所示。离线版没有"立即保存"和"保存副本"菜单命令。

### 💬 "编辑"菜单

"编辑"菜单包含"恢复"和"打开加速模式"两个菜单命令，如下右图所示。"恢复"菜单命令用于恢复误删的角色；"打开加速模式"菜单命令则用于启用加速模式，加快程序的运行速度。

### 💬 "教程"菜单

"教程"菜单提供了多种类型的教学视频，我们可以通过观看这些视频来学习

Scratch 的编程方法。单击"教程"菜单，即可打开"选择一个教程"界面，如右图所示。

## 🎯 标签栏

标签栏中显示了 3 个选项卡标签，单击某个标签即可切换到对应的选项卡，以执行相应操作。要注意的是，标签栏的内容并不是固定不变的。当选中某个角色时，标签栏的标签分别为"代码""造型""声音"，如下左图所示；当选中舞台背景时，标签栏的标签分别为"代码""背景""声音"，如下右图所示。

## 🎯 模块分类区和积木块选择区

Scratch 是通过模块分类区和积木块选择区的各种积木块来进行编程的。在模块分类区和积木块选择区中，使用不同的颜色来区分不同的模块和积木块。下左图所示为单击"运动"模块时显示的积木块，可以看到该模块和模块下的积木块均为蓝色；下右图所示为单击"事件"模块时显示的积木块，可以看到该模块和模块下的积木块均为黄色。

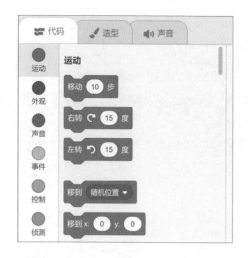

Scratch 将积木块按照功能分为 9 大模块，分别为"运动"模块、"外观"模块、"声音"模块、"事件"模块、"控制"模块、"侦测"模块、"运算"模块、"变量"模块、"自制积木"模块，各模块中积木块的主要功能如下所示。

|  |  |
| --- | --- |
| "运动"模块 | 控制角色的位置、移动、旋转和面朝方向等 |
| "外观"模块 | 控制角色的话语、造型、大小、特效及显示或隐藏状态 |
| "声音"模块 | 控制角色的音效、音调及音量 |
| "事件"模块 | 控制脚本的触发及进程 |
| "控制"模块 | 控制脚本的运行方式（条件、循环）、脚本的停止及角色的克隆 |
| "侦测"模块 | 判断角色状态和条件是否成立 |
| "运算"模块 | 完成数学运算、逻辑运算及字符的处理 |
| "变量"模块 | 完成变量的创建与赋值，控制变量的显示或隐藏 |
| "自制积木"模块 | 按照自己需要的功能创建和定义积木块 |

技巧提示：添加扩展模块

除了模块分类区默认显示的 9 大模块外，我们还可以单击模块分类区底部的"添加扩展"按钮 ![icon]，在打开的窗口中选择添加"音乐""画笔""文字朗读"等更多的扩展模块。

## ◎ 脚本区

脚本区就是我们编写程序的区域。Scratch 是针对角色进行编程的，选中哪个角色就对哪个角色进行编程。选中角色后，把积木块拖入脚本区，并按照想要实现的效果进行组合，就完成了编程。脚本区的右上角会显示当前正在编程的角色。脚本区的右下角有三个圆形按钮，用于修改脚本区积木块的显示大小，从上到下的功能分别为放大显示、缩小显示、恢复默认大小，如右图所示。

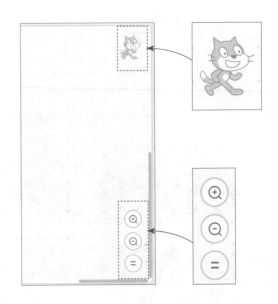

## ◎ 舞台区

舞台区是最终呈现程序运行效果的地方。默认情况下，舞台区为纯白色背景，并在中间显示一个小猫角色。舞台区左上角的按钮用于控制程序的启动与终止；舞台区右上角的按钮用于调整舞台区的布局。下左图所示为舞台区的初始布局，单击舞台区右上角的 ![icon] 按钮，界面布局如下右图所示，此时舞台区及其下方的角色区、舞台设置区变小，脚本区则相应扩大，为编程提供了更大的操作空间。

## 角色区

　　角色区在舞台区的下方。Scratch 允许用户建立多个角色并分别控制。在角色区中，选中的角色四周以蓝色的方框表示。选中角色区中的一个角色后，可以在上方更改角色的名称、大小及坐标值等，如右图所示。

技巧提示：删除角色

　　对于角色区中不需要的角色，可以直接单击角色缩略图右上角的 ❌ 按钮，将其从角色区中删除。

　　在 Scratch 中创建新项目后，默认只显示一个小猫角色。我们可根据要实现的动画或游戏效果，添加角色库中的其他角色或上传自定义的角色。下面讲解具体方法。

### 添加角色库中的角色

将鼠标指针移动到角色区右下角的
"选择一个角色"按钮上，在展开的列
表中单击"选择一个角色"按钮，如右
图所示，会打开如下左图所示的角色库，
在角色库中单击需要的角色，即可将该
角色添加到角色区，如下右图所示。

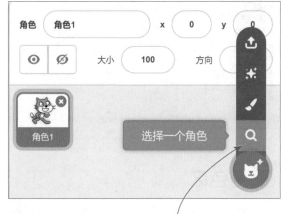

② 选择要添加的角色

① 单击"选择一个角色"按钮

③ 在角色区显示添加的新角色

### 添加自定义的角色

如果在角色库中没有找到满意的角色，还可以添加自定义的角色。添加自定义
角色其实就是将我们自己准备的图片上传到 Scratch 中作为角色来使用。Scratch 3.0
支持的图片格式包括 *.svg、*.png、*.jpg、*.gif。

将鼠标指针移动到角色区右下方的"选择一个角色"按钮上，在展开的列表中单击"上传角色"按钮，如右图所示。在弹出的"打开"对话框中选择要上传的角色素材，单击"打开"按钮，如下左图所示，该角色素材就会出现在角色区中，如下右图所示。

① 单击"上传角色"按钮

② 选择要上传的角色素材

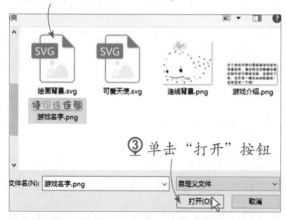

③ 单击"打开"按钮

④ 在角色区显示添加的新角色

除了使用角色库中的角色和自己上传角色，还能自己绘制角色。单击"造型"选项卡就能看到绘图区，如右图所示。

## 🎯 舞台设置区

舞台设置区位于角色区右侧，包含当前舞台背景的缩略图和背景选择按钮，如下左图所示。在 Scratch 中，设置背景的方式有 4 种，分别为从背景库中选择一个背景、绘制背景、随机选择背景及上传自定义的背景，如下右图所示。

**上传背景:** 单击后会打开"打开"对话框,在对话框中选择上传自定义的背景

**绘制:** 单击后将切换到"背景"选项卡,在选项卡中可以手动绘制背景

**随机:** 单击后将在背景库中随机选择一个背景

**选择一个背景:** 单击后会打开背景库,在背景库中选择需要的背景

选择一个背景

如果要添加背景库中的背景,可以直接单击舞台设置区中的"选择一个背景"按钮,在打开的背景库中选择要添加的背景,随后舞台区就会显示所选的背景,如下图所示。

① 选择要添加的背景

② 舞台区显示所选背景

# 积木块的基本操作

在 Scratch 中编程，就是在脚本区进行积木块的组合，这就必然会涉及一些积木块的操作，其中常用的有添加积木块、删除积木块、复制积木块等。下面就来讲解这些基本操作。

## ◎ 添加积木块

添加积木块可以说是编程过程中最重要的一项操作。无论要实现什么样的效果，都需要为角色或舞台背景添加相应的积木块。

添加积木块的方法比较简单。先选中要编写脚本的角色或舞台背景，再单击模块分类区中的某个模块，在右侧的积木块选择区中使用鼠标拖动所需积木块到脚本区，然后释放鼠标即可，如下图所示。

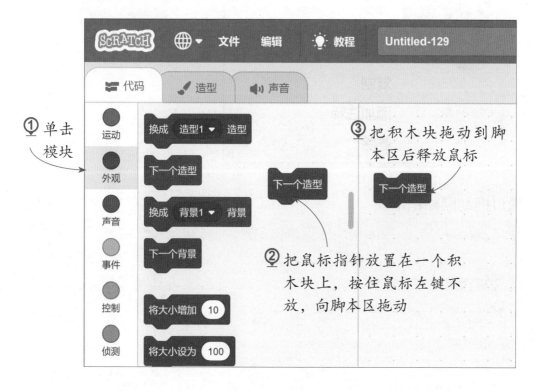

## ◎ 删除积木块

如果不小心把不需要的积木块添加到了脚本区，应该怎么办呢？不要着急，我们可以将这些不需要的积木块从脚本区中删除。在 Scratch 中，有两种删除积木块的方法，下面分别介绍。

### 💬 执行"删除"命令删除积木块

在脚本区中右击需要删除的积木块，然后在弹出的快捷菜单中执行"删除"命令，如下左图所示。执行该命令后，被右击的积木块就会从脚本区消失，如下右图所示。

### 💬 通过拖动删除积木块

在脚本区选中要删除的积木块，然后将该积木块拖动到积木块选择区，如下左图所示，释放鼠标即可删除选中的积木块，删除后的效果如下右图所示。这种方法与上一种方法相比更为方便快捷。

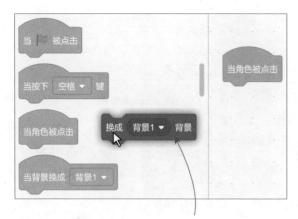

① 使用鼠标将积木块拖回积木块选择区

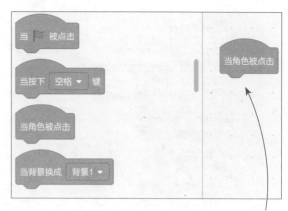

② 释放鼠标，脚本区不再显示该积木块

## 🎯 复制积木块与积木组

在 Scratch 中编程时，将积木块添加到脚本区后，通常还要将多个积木块按照要实现的功能拼接在一起，组合成积木组。当需要添加多个相同的积木块或积木组时，如果逐个添加再进行组合，会非常耗费时间。此时最简便的方式就是在添加完一个积木块或组合完一个积木组后，对积木块或积木组进行复制。

如果需要复制脚本区中的单个积木块，先选中并右击要复制的积木块，然后在弹出的快捷菜单中执行"复制"命令，如右图所示。此时在脚本区会出现一个完全相同的积木块并跟随鼠标指针移动，如下左图所示。在需要粘贴积木块的位置单击，就完成了该积木块的复制，如下右图所示。

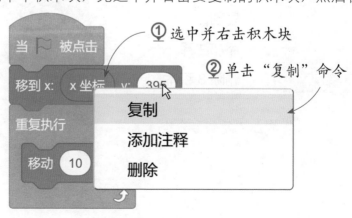

① 选中并右击积木块

② 单击"复制"命令

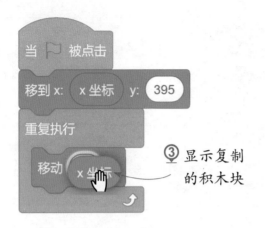

③ 显示复制的积木块

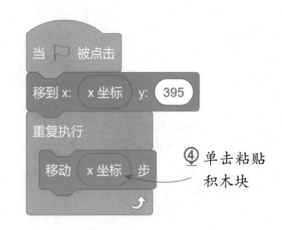

④ 单击粘贴积木块

复制积木组的方法与复制积木块的方法类似，不同的是，复制积木组时，需要选中并右击积木组中的第一个积木块，再执行"复制"命令，如下左图所示。此时复制出的积木组会跟随鼠标指针移动，如下右图所示。同样在需要粘贴积木组的位置单击，就完成了积木组的复制。

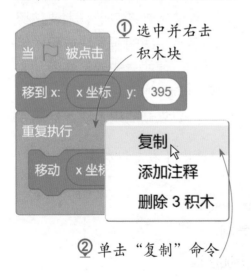

① 选中并右击积木块

② 单击"复制"命令

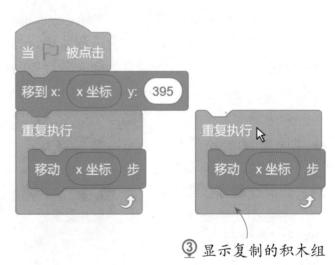

③ 显示复制的积木组

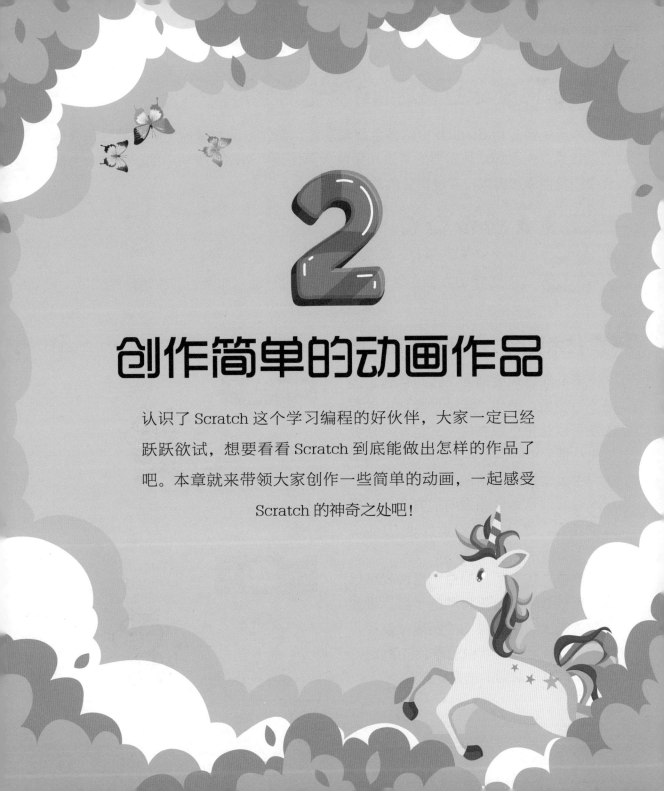

# 2

# 创作简单的动画作品

认识了 Scratch 这个学习编程的好伙伴，大家一定已经
跃跃欲试，想要看看 Scratch 到底能做出怎样的作品了
吧。本章就来带领大家创作一些简单的动画，一起感受
Scratch 的神奇之处吧！

## 实例01 通过移动制作奔驰的独角兽

本实例要应用 Scratch 中的角色移动功能，制作一匹在草原上奔驰的独角兽的动画效果。先添加动画需要的背景和角色，再使用"运动"模块中的积木块，为舞台中的角色添加脚本，实现需要的动画效果。

**难度指数** ★ ☆ ☆ ☆ ☆

**素材文件** 实例文件 \02\ 素材 \ 草原 .png

**程序文件** 实例文件 \02\ 源文件 \ 实例 01：通过移动制作奔驰的独角兽 .sb3

### 🎯 技术要点 01：直接移动步数

要制作游戏或动画，让角色运动是必不可少的。使用"运动"模块中的积木块可以让角色以各种方式运动，让我们先从最简单的运动方式开始学习吧。

"运动"模块中的"移动（）步"积木块可以让角色朝面向的方向移动指定的步数，默认的移动步数是 10 步，如右上图所示。

单击"10"所在的白色框，就可以输入新的数值来改变移动的步数。设置的数值越大，角色移动的距离就越远。如右下图所示为将步数更改为 100 时，小猫角色移动前后的位置变化。

## 技术要点 02：让角色触壁反弹

当角色移动到舞台边缘时，如果需要让角色继续运动，一般会用到"碰到边缘就反弹"积木块。在脚本区添加此积木块后，当角色碰到舞台边缘（顶部、底部、左侧、右侧）时，角色就会以某个特定角度反弹。

以角色库中的棒球为例，添加"移动（50）步"积木块，未添加"碰到边缘就反弹"积木块时，棒球移动到舞台边缘就会卡在那里，无法再移动，如下左图所示；在"移动（50）步"积木块下方添加"碰到边缘就反弹"积木块，如下中图所示；当棒球移动到舞台两侧边缘时就会自动反弹，继续移动，如下右图所示。

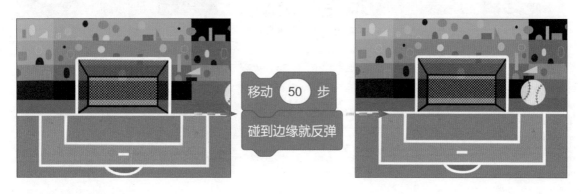

## 步骤详解

步骤 **01** 创建一个新的 Scratch 项目，并添加自定义的"草原"背景。

① 单击"文件"按钮，在展开的列表中选择"新作品"命令

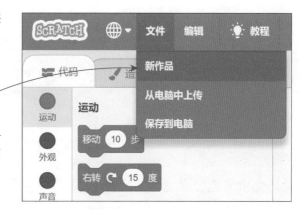

上传背景

② 将鼠标指针移到"选择一个背景"按钮 🖼 上，
　　在展开的列表中单击"上传背景"按钮 🔼

③ 选择"草原"背景

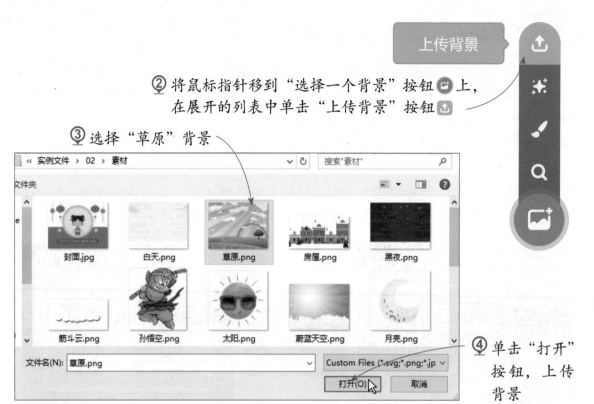

④ 单击"打开"
　按钮，上传
　背景

删除初始角色，并添加新角色。

② 单击"选择一个角
　色"按钮 🐱

选择一个角色

① 选中角色，单击 ✕ 按钮

30

③ 单击"动物"分类

④ 选择"Unicorn Running"角色

<br>

步骤 **03** 重命名角色，调整角色的位置和大小，以与背景相匹配。

① 输入角色名"独角兽"

② 输入坐标及大小参数

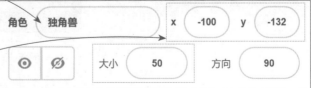

| 角色 | 独角兽 | x | -100 | y | -132 |
| 大小 | 50 | 方向 | 90 |

步骤 **04** 为"独角兽"角色添加"当▶被点击"积木块，指定触发脚本运行的条件。

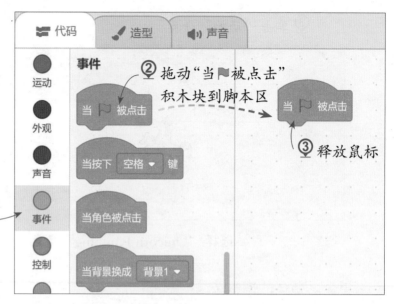

步骤 **05** 添加"控制"模块下的"重复执行"积木块，指定"独角兽"角色运动的执行方式。

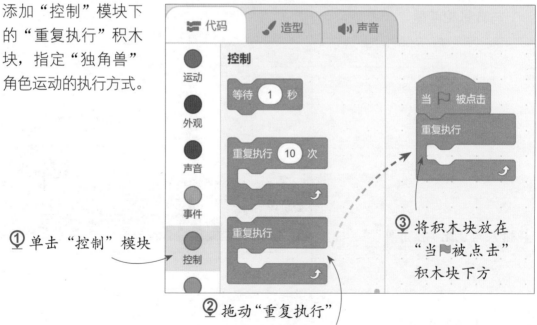

步骤 **06** 添加"移动（）步"积木块，设置"独角兽"角色每次移动的距离。

① 单击"运动"模块

② 拖动"移动（）步"积木块到脚本区

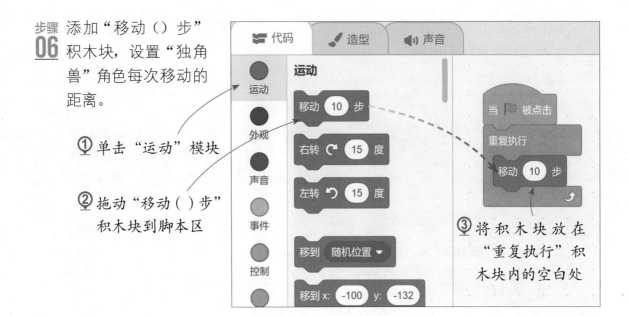

③ 将积木块放在"重复执行"积木块内的空白处

步骤 **07** 添加"碰到边缘就反弹"积木块，让"独角兽"角色触壁反弹，实现在舞台上左右来回移动的效果。

① 仍然在"运动"模块下选择积木块

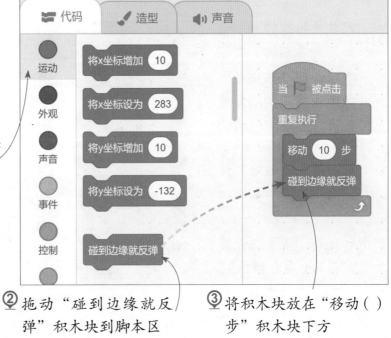

② 拖动"碰到边缘就反弹"积木块到脚本区

③ 将积木块放在"移动（）步"积木块下方

步骤 **08** 单击舞台左上角的 ▶ 按钮，运行当前脚本，发现"独角兽"角色在碰到舞台边缘反弹后翻转的方式不太对。

单击▶按钮

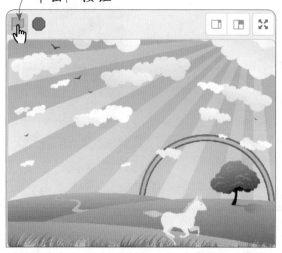

步骤 **09** 添加"将旋转方式设为（左右翻转）"积木块，使"独角兽"角色保持正向的角度在舞台上来回移动。

① 仍然在"运动"模块下选择积木块

② 拖动"将旋转方式设为（左右翻转）"积木块到脚本区

③ 将积木块放在"碰到边缘就反弹"积木块下方

步骤 **10** 单击 🏳 按钮，再次运行当前脚本，可以看到"独角兽"角色在碰到舞台边缘反弹后进行了左右翻转，方向变为正向显示了。

单击 🏳 按钮

步骤 **11** 添加"等待（）秒"积木块，让"独角兽"角色在切换造型前先等待一段时间。

② 拖动"等待（）秒"积木块到脚本区

① 单击"控制"模块

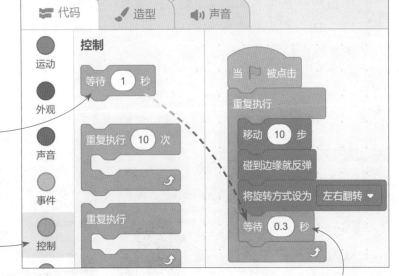

③ 将积木块放在"将旋转方式设为（左右翻转）"积木块下方，更改框中数值为0.3

**步骤 12** 添加"下一个造型"积木块，让"独角兽"角色在移动时变换造型。

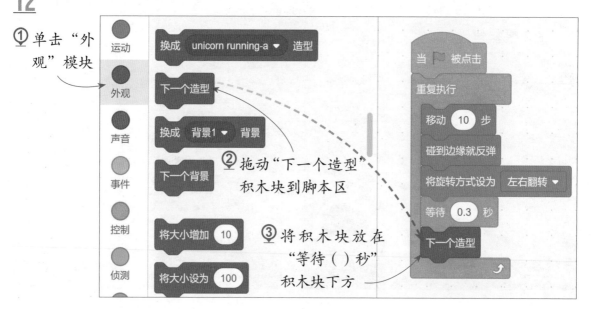

① 单击"外观"模块

② 拖动"下一个造型"积木块到脚本区

③ 将积木块放在"等待（）秒"积木块下方

**步骤 13** 单击▐▌按钮运行脚本，发现"独角兽"角色奔驰的动作是连续而流畅的。执行"文件 > 保存到电脑"菜单命令，将作品保存成 .sb3 文件，下一个实例将会用到。

单击▐▌按钮

## 实例02　复制角色让多匹独角兽奔驰

在前面的实例中，我们制作了一匹在草原上奔驰的独角兽。如果要实现更多独角兽奔驰的效果，是不是只能手动重复添加角色和脚本呢？当然不是。我们只需要复制已经编写好脚本的"独角兽"角色就可以了。

| **难度指数** | ★☆☆☆☆ |
| --- | --- |
| **素材文件** | 实例文件 \02\ 源文件 \ 实例 01：通过移动制作奔驰的独角兽 .sb3 |
| **程序文件** | 实例文件 \02\ 源文件 \ 实例 02：复制角色让多匹独角兽奔驰 .sb3 |

## 🎯 技术要点：复制舞台角色

在 Scratch 中，当需要在舞台中添加多个具有相同外观的角色时，可以通过复制角色的方式来达到目的。在复制角色时，会同时复制角色对应的脚本。

复制角色的方法比较简单。在角色区选中并右击需要复制的角色，在弹出的快捷菜单中单击"复制"命令，如下左图所示，就能轻松完成角色的复制，如下右图所示。复制角色后，根据编程的需要，可以保留复制角色的脚本，也可以对部分脚本进行修改。

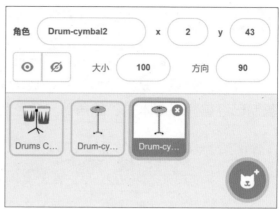

## 🎯 步骤详解

在 Scratch 中执行"文件 > 从电脑中上传"菜单命令，打开上一个实例中保存的 .sb3 文件。选中并右击"独角兽"角色，执行"复制"命令，复制角色。

选中复制的"独角兽 2"角色，在"代码"选项卡下可以看到复制角色的代码与原角色的代码相同。适当调整两个角色在舞台上的初始位置，然后单击 🚩 按钮运行脚本，就能看到两匹独角兽在草原上奔驰的动画效果。用相同方法可以让更多独角兽在草原上奔驰。

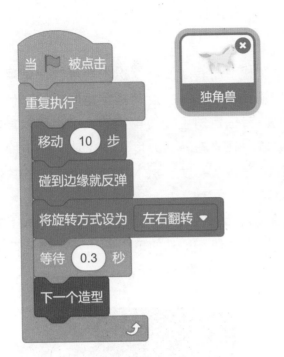

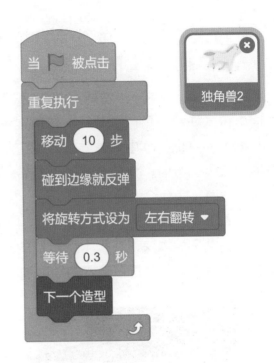

## 实例03　旋转角色制作孙悟空翻筋斗

本实例主要应用面向角色旋转制作孙悟空翻筋斗的动画效果。先添加自定义的角色，再为角色添加"运动"模块中的"右转（）度"和"面向（）"积木块，实现向目标位置运动的效果。

**难度指数**　★★☆☆☆

**素材文件**　实例文件 \02\ 素材 \ 孙悟空 .png、筋斗云 .png

**程序文件**　实例文件 \02\ 源文件 \ 实例 03：旋转角色制作孙悟空翻筋斗 .sb3

## ◎ 技术要点 01：指定角度旋转角色

使用"运动"模块下的"右转（）度"和"左转（）度"积木块可以使角色按照指定的角度旋转。"右转（）度"积木块能让角色顺时针旋转指定角度，"左转（）度"积木块能让角色逆时针旋转指定角度。要指定角色旋转角度的大小，可以直接在积木块右侧的框中单击并输入相应的数值。在"右转（）度"积木块的框中输入的数值为负数时，角色会逆时针旋转；在"左转（）度"积木块的框中输入的数值为负数时，角色会顺时针旋转。

添加角色库中的"Cat 2"角色，角色的初始状态如下左图所示；为角色添加"右转（）度"积木块，在积木块右侧的框中输入数值 160，如下中图所示；随后可以看到舞台中的角色按照输入的角度顺时针旋转，如下右图所示。

## ◎ 技术要点 02：面向角色旋转

使用"运动"模块下的"面向（鼠标指针）"积木块可以让角色实现更灵活的方向变化。该积木块的默认选项"鼠标指针"是让角色始终面向鼠标指针的方向旋转。如果需要让角色面向舞台中的其他角色旋转，可以单击积木块右侧的下拉按钮，在展开的列表中选择其他角色。

同样以"Cat 2"角色为例，在舞台左侧添加一个名为"老鼠"的角色，如下左图所示。此时，若要使"Cat 2"角色旋转至面向"老鼠"角色的方向，就先为"Cat 2"

角色添加"面向（鼠标指针）"积木块，单击积木块右侧的下拉按钮，在展开的列表中选择"老鼠"选项，如下中图所示。设置后单击脚本区的积木块，就能看到舞台中的"Cat 2"角色旋转至面向"老鼠"角色的方向，如下右图所示。

## 🎯 步骤详解

**步骤 01** 创建一个新的 Scratch 项目，并上传自定义的"蔚蓝天空"背景。

① 单击"文件"按钮，在展开的菜单中选择"新作品"命令

③ 单击"上传背景"按钮 🔼

② 指向"选择一个背景"按钮 🖼

④ 选中"蔚蓝天空"背景 ⑤ 单击"打开"按钮，
　　　　　　　　　　　　　上传背景

**步骤 02** 删除初始角色，上传自定义的"孙悟空"和"筋斗云"角色。

① 选中角色，单击 ✕ 按钮

上传角色

③ 单击"上传角色"
　　按钮

② 指向"选择一个
　　角色"按钮

④ 按住 Ctrl 键，单击"筋斗云"和"孙悟空"素材　　　⑤ 单击"打开"按钮

步骤 **03** 分别调整"孙悟空"和"筋斗云"角色的位置和大小，与舞台背景相匹配。

② 输入坐标及大小参数

① 单击"孙悟空"角色

④ 输入坐标及大小参数

③ 单击"筋斗云"角色

步骤 **04** 选中"孙悟空"角色，为其编写脚本：当单击🚩按钮时，将"孙悟空"角色移动到舞台左下角。

③ 将第 1 个框中的数值改为 −180

① 添加"当🚩被点击"积木块，作为脚本运行的起点

② 添加"运动"模块下的"移到 x:( )y:( )"积木块

④ 将第 2 个框中的数值改为 −110，将角色移动到舞台左下角

步骤 **05** 将"孙悟空"角色改为面向"筋斗云"角色方向。

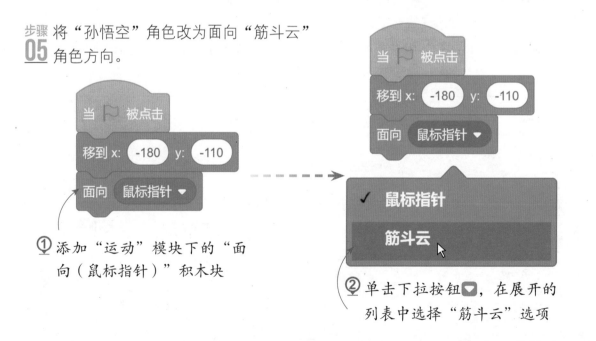

① 添加"运动"模块下的"面向（鼠标指针）"积木块

② 单击下拉按钮🔽，在展开的列表中选择"筋斗云"选项

③ 单击积木块，运行脚本，可以看到"孙悟空"角色移动到舞台左下角

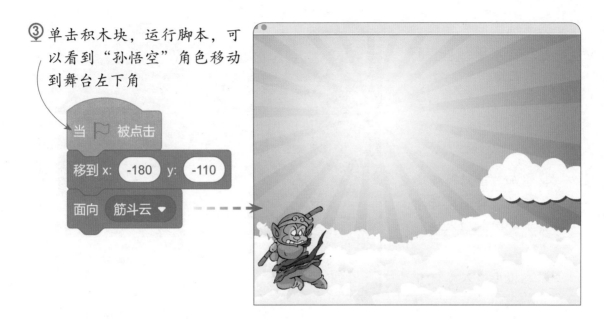

当 ▶ 被点击

移到 x: -180 y: -110

面向 筋斗云 ▼

步骤 06 让"孙悟空"角色重复执行旋转动作。

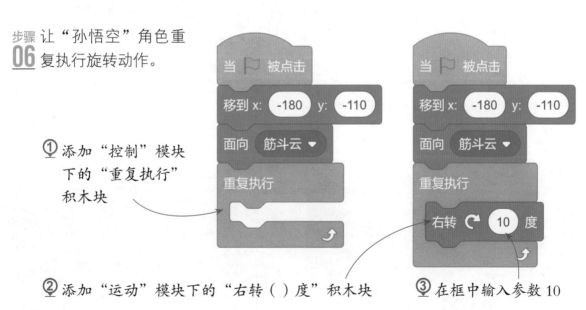

① 添加"控制"模块下的"重复执行"积木块

② 添加"运动"模块下的"右转（ ）度"积木块

③ 在框中输入参数 10

步骤 **07** 为"孙悟空"角色设置每次水平和垂直移动的距离。

① 添加"运动"模块下的"将 x 坐标增加（ ）"积木块

② 在框中输入参数 5

③ 添加"运动"模块下的"将 y 坐标增加（ ）"积木块

④ 在框中输入参数 2.5

步骤 **08** 单击 🏳 按钮，运行当前脚本，会发现"孙悟空"角色虽然可以在舞台上翻转，但是却没有停留在"筋斗云"角色的上方。

单击 🏳 按钮

步骤 **09** 添加"侦测"模块下的积木块,判断"孙悟空"角色是否已移动到"筋斗云"角色的上方。

② 添加"侦测"模块下的"碰到(鼠标指针)?"积木块

③ 单击"碰到(鼠标指针)?"积木块右侧的下拉按钮▼,在展开的列表中单击"筋斗云"选项

① 添加"控制"模块下的"如果……那么……"积木块

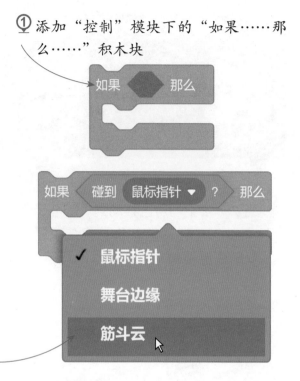

步骤 **10** 添加"运动"模块下的积木块,让"孙悟空"角色在指定的时间内移动到"筋斗云"角色的上方。

① 添加"运动"模块下的"面向( )方向"积木块

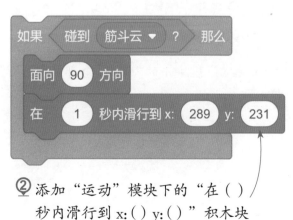

② 添加"运动"模块下的"在( )秒内滑行到 x:( ) y:( )"积木块

③ 在第 2 个框中输入参数 140

④ 在第 3 个框中输入参数 50，使"孙悟空"角色移动到"筋斗云"角色上方

**步骤 11** 当"孙悟空"角色移动到"筋斗云"角色上方时，整个动画就结束了，此时还需要停止整个脚本的运行。

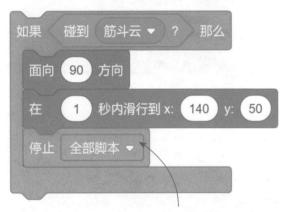

添加"控制"模块下的"停止(全部脚本)"积木块

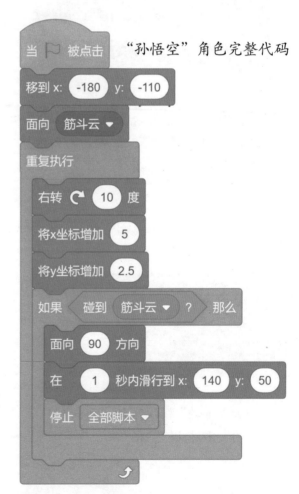

"孙悟空"角色完整代码

步骤 **12** 单击▶按钮运行脚本，可以看到，当"孙悟空"角色翻转到"筋斗云"角色上方时会自动停留在上面。到这里，这个实例就制作完成了。

单击▶按钮

## 实例04 广播消息打造昼夜交替动画

本实例将学习制作昼夜交替的动画效果。制作过程中主要利用"事件"模块下的消息广播与接收积木块，控制舞台背景的切换以及角色的显示和隐藏。

| 难度指数 | ★☆☆☆☆ |
|---|---|
| 素材文件 | 实例文件\02\素材\白天.png、黑夜.png、房屋.png、太阳.png、月亮.png |
| 程序文件 | 实例文件\02\源文件\实例04：广播消息打造昼夜交替动画.sb3 |

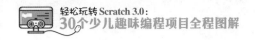

## 🎯 技术要点 01：广播消息

在 Scratch 中，消息是一个非常重要的概念，它的主要作用是为角色或背景传递信息，从而将不同的脚本串联起来。消息的操作分为广播和接收两个部分，涉及的积木块位于"事件"模块中，下面先介绍消息的广播。用于广播消息的积木块有两个，分别是"广播（消息 1）"与"广播（消息 1）并等待"，如下两图所示。"广播（消息 1）"积木块可向所有角色及背景发送一条消息；"广播（消息 1）并等待"积木块也会向所有角色及背景发送一条消息，不同的是，在发送消息后，此积木块会等待所有被该消息触发的脚本执行完毕后，再继续执行自己下方的脚本。

除了默认提供的"消息 1"消息，还可以根据需要自行创建消息。单击"消息 1"右侧的下拉按钮，在展开的列表中选择"新消息"选项，打开"新消息"对话框，输入要创建的新消息的名称，单击右下角的"确定"按钮即可，如下图所示。

## 🎯 技术要点 02：接收消息

有了消息的广播，自然就要有消息的接收，这样才能将脚本串联起来。用于接收消息的积木块是"当接收到（消息 1）"，该积木块只有接收到指定的消息时，才会执行下方的脚本。

若之前已经创建了要广播的消息，可以单击"当接收到（消息1）"积木块中"消息1"右侧的下拉按钮，在展开的列表中选择要接收的消息，如下左图所示。如果需要重新定义接收的消息，则在列表中选择"新消息"选项，如下中图所示；然后在打开的"新消息"对话框中输入新消息的名称，如下右图所示。

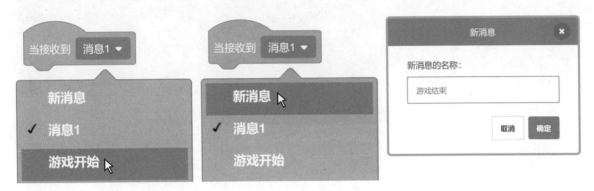

## 技术要点 03：切换舞台背景

在 Scratch 中，还可以根据需要为角色设置不同的舞台背景。使用"外观"模块下的"换成（背景1）背景"积木块可以在脚本中控制舞台背景的切换。添加该积木块后，单击"背景1"右侧的下拉按钮，在展开的列表中可以选择切换背景的方式：单击具体的背景名称，可以切换至指定的背景；单击"下一个背景"或"上一个背景"选项，可按顺序切换背景；单击"随机背景"选项，则会切换为随机选择的背景。

为舞台添加背景库中的两个不同的背景"Light"和"Jurassic"，切换至"背景"选项卡，在背景列表中指定当前背景为"Light"，效果如下左图所示；为舞台中的小猫角色添加"当 ▐ 被点击"积木块，然后在下方添加"换成（背景1）背景"积木块，并将需要切换的背景设置为"下一个背景"，如下中图所示；这时单击 ▐ 按钮，运行当前脚本，就可以看到切换背景后的效果，如下右图所示。

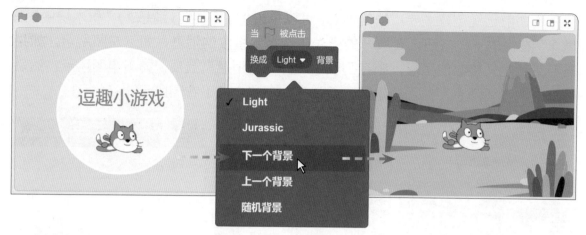

 **技巧提示：添加舞台背景**

　　要切换舞台背景，就要至少有两个舞台背景。在舞台设置区单击选中背景，然后在标签栏单击"背景"标签，切换至"背景"选项卡。如果要添加背景库中的背景，则单击选项卡左下角的"选择一个背景"按钮🖼，在打开的背景库中选择需要使用的背景。如果要上传自定义背景，则将鼠标指针指向"选择一个背景"按钮🖼，在展开的列表中单击"上传背景"按钮⬆，然后选择要上传的背景图像。

🎯 **步骤详解**

步骤 **01** 创建一个新的 Scratch 项目，删除初始角色。上传自定义的"白天"背景和"黑夜"背景，再上传自定义的"房屋"角色。

步骤 **02** 上传"太阳"角色，并为角色编写脚本：当接收到"太阳出来"的消息时，显示太阳并滑行至天空位置；当接收到"月亮出来"的消息时，隐藏太阳。

太阳

当单击▶按钮时，
切换为"白天"
背景

广播消息"太阳出来"

当太阳接收到"月亮出来"
的消息时，隐藏太阳

当太阳接收到"太阳出来"的消息时，
显示太阳并滑行到天空位置

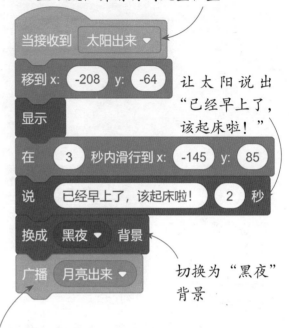

让太阳说出
"已经早上了，
该起床啦！"

切换为"黑夜"
背景

广播消息"月亮出来"

步骤 **03** 添加"月亮"角色，并为角色编写
脚本：当接收到"太阳出来"的消息时，隐藏月亮；当接收到"月亮出来"的消息时，显示月亮并滑行至天空位置。

月亮

当月亮接收到
"太阳出来"
的消息时，隐藏月亮

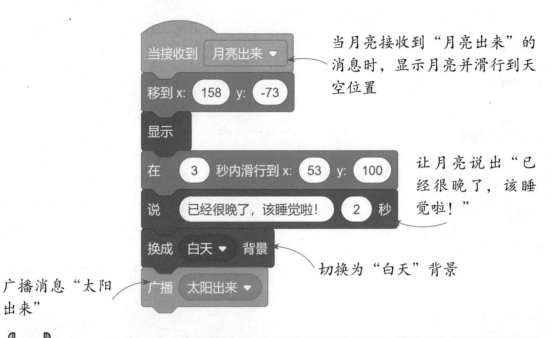

当月亮接收到"月亮出来"的消息时，显示月亮并滑行到天空位置

让月亮说出"已经很晚了，该睡觉啦！"

切换为"白天"背景

广播消息"太阳出来"

技巧提示：调整角色在舞台上的显示层次

"太阳"和"月亮"角色未升起时需要被"房屋"角色挡住，如果未挡住，则在舞台上用鼠标按住"房屋"角色不放，即可让其显示在最上层。

## 实例05 点击触发打造飞机博物馆

本实例将制作一个飞机造型切换动画。舞台上会显示一个飞机模型，其右侧有3个不同颜色的矩形色块，用鼠标单击色块，飞机模型就会切换成相应的颜色。

**难度指数** ★☆☆☆☆

**素材文件** 实例文件 \02\ 素材 \ 橙色飞机 .svg、红色飞机 .svg、绿色飞机 .svg

**程序文件** 实例文件 \02\ 源文件 \ 实例 05：点击触发打造飞机博物馆 .sb3

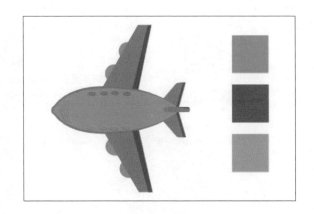

## 🎯 步骤详解

步骤 **01** 创建一个新的 Scratch 项目，删除初始角色。先上传"橙色飞机"角色，然后切换到"造型"选项卡，将鼠标指针指向造型列表底部的"选择一个造型"按钮，在展开的列表中单击"上传造型"按钮，上传"红色飞机"和"绿色飞机"造型，并将角色命名为"飞机"，为"飞机"角色编写脚本。

接收到"橙色"消息时，换成"橙色飞机"造型

接收到"红色"消息时，换成"红色飞机"造型

接收到"绿色"消息时，换成"绿色飞机"造型

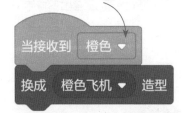

步骤 **02** 在角色区将鼠标指针指向"选择一个角色"按钮，在展开的列表中单击"绘制"按钮。在"造型"选项卡下选择"矩形"工具，绘制一个橙色色块，并命名为"角色 1"，为该角色编写脚本：当单击舞台上的橙色色块时，广播"橙色"消息。用相同方法绘制"角色 2"和"角色 3"，并分别编写脚本。

绘制角色
颜色：8
饱和度：74
亮度：95

绘制角色
颜色：0
饱和度：100
亮度：100

绘制角色
颜色：30
饱和度：63
亮度：71

单击舞台上的"角色 1"
时，广播"橙色"消息

单击舞台上的"角色 2"
时，广播"红色"消息

单击舞台上的"角色 3"
时，广播"绿色"消息

## 实例06　切换造型制作花朵绽放动画

本实例将制作花朵绽放的动画。先添加"花朵 1"角色，然后为角色添加"换成（花朵 1）造型"积木块，设置花朵的初始形态，再通过添加"重复执行"积木块，控制造型切换的方式，最后应用"如果……那么……"积木块判断当前造型的编号，当当前造型为第 5 个时，就停止脚本的运行，终止动画。

**难度指数** ★★☆☆☆

**素材文件** 实例文件 \02\ 素材 \ 花朵 1 ～ 5.svg、花瓶 .svg

**程序文件** 实例文件 \02\ 源文件 \ 实例 06：切换造型制作花朵绽放动画 .sb3

## 步骤详解

步骤 **01** 创建一个新的 Scratch 项目，删除初始角色。添加背景库中的"Light"背景，再上传自定义的"花瓶"角色，在舞台上将"花瓶"角色调整到合适的位置。

步骤 **02** 上传自定义的"花朵 1"角色，然后在角色的造型列表中上传"花朵 2""花朵 3""花朵 4""花朵 5"这几种不同的造型。选择"花朵 1"角色，为角色编写脚本：当单击▸按钮时，让角色在几种造型之间依次进行切换。

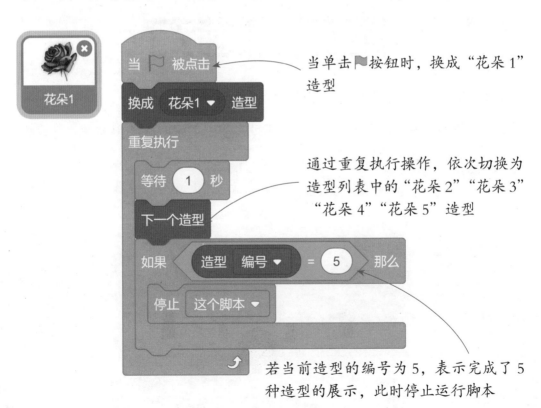

当单击▸按钮时，换成"花朵 1"造型

通过重复执行操作，依次切换为造型列表中的"花朵 2""花朵 3""花朵 4""花朵 5"造型

若当前造型的编号为 5，表示完成了 5 种造型的展示，此时停止运行脚本

# 3

# 随机的魅力

随机意味着不确定，在动画制作当中可以用于制造意外的惊喜。在Scratch中，可以通过为运动积木块添加随机参数，让角色在舞台上随意旋转或移动，呈现出更加自然、逼真的画面效果。下面就一起来感受随机的魅力吧！

## 实例07 随机方向移动制作花间飞舞的蝴蝶动画

在五颜六色的花丛中，经常可以看到各种美丽的蝴蝶在翩翩飞舞。本实例将学习制作花间飞舞的蝴蝶动画效果。在上传自定义的角色和背景后，先为角色添加"运动"模块下的"面向（）方向"积木块，再在积木块中嵌入"在（）和（）之间取随机数"积木块，让蝴蝶呈现出随机飞舞的效果。

| 难度指数 | ★ ★ ☆ ☆ ☆ |
| --- | --- |
| 素材文件 | 实例文件 \03\ 素材 \ 花丛 .png、蝴蝶造型 1.png、蝴蝶造型 2.png |
| 程序文件 | 实例文件 \03\ 源文件 \ 实例 07：随机方向移动制作花间飞舞的蝴蝶动画 .sb3 |

## 🎯 技术要点 01：角色的随机移动

在之前的实例中，我们在让角色移动时，都是指定固定的移动步数和移动方向。在这个实例中，我们要利用"运算"模块下的"在（）和（）之间取随机数"积木块，让角色随机改变移动的步数和方向。在这个积木块的两个框中输入准确的数值，它就会在这两个数值的范围内随机取出一个数。

　　以角色库中的"Beetle"角色为例，如下左图所示；为角色添加"移动（10）步"和"面向（90）方向"积木块，如下中图所示；运行脚本，"Beetle"角色会先移动10步，然后面向90°方向，如下右图所示。

　　将"在（1）和（10）之间取随机数"积木块拖动到"面向（90）方向"积木块的框中，替换原来的数值90，如下左图所示；运行脚本，"Beetle"角色会先移动10步，然后在1°～10°之间随机选择一个角度作为朝向，如下右图所示。

　　按照同样的道理，将"在（1）和（10）之间取随机数"积木块拖动到"移动（10）步"积木块的框中，替换原来的数值10，"Beetle"角色就会在1～10之间随机选择一个步数来移动。大家可以自己动手试一试。

## 🎯 技术要点 02：造型的切换

为角色指定不同的造型，可以让角色在舞台上呈现出更加形象、生动的视觉效果。添加角色库中的一个角色后，在角色区中选中这个角色，切换至"造型"选项卡，在选项卡左侧的造型列表中可以看到这个角色可能包含多种不同的造型，如右图所示。我们可以在造型列表中通过鼠标拖动的方式，更改造型的排列顺序。

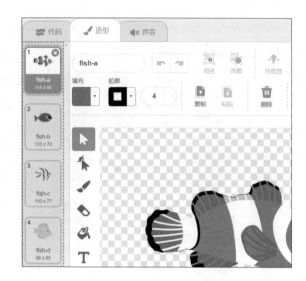

若要让角色切换到当前造型的下一个造型，可以使用"外观"模块下的"下一个造型"积木块。当切换至最后一个造型后，若再次切换，将回到第一个造型。

以角色库中的"Fish"角色为例，添加该角色后，默认以"fish-a"的造型呈现在舞台上，如下左图所示；为角色添加"下一个造型"积木块，如下中图所示；运行脚本后，"Fish"角色会切换为造型列表中当前造型之后的造型，即"fish-b"造型，如下右图所示。

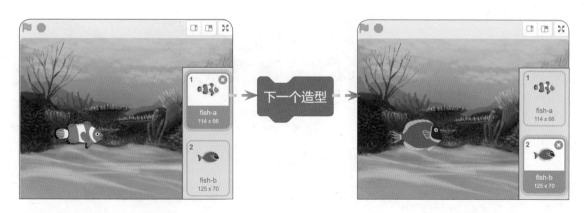

## 🎯 步骤详解

创建一个新的 Scratch 项目，添加自定义背景"花丛"。

上传背景

② 单击"上传背景"
按钮 🔼

① 指向"选择一个
背景"按钮 🖼️

删除初始角色，上传"蝴蝶造型 1"角色，将上传的角色命名为"蝴蝶"，调整"蝴蝶"角色的大小、位置和方向。

上传角色

② 单击"上传角色"
按钮 🔼

① 指向"选择一个
角色"按钮 🐱

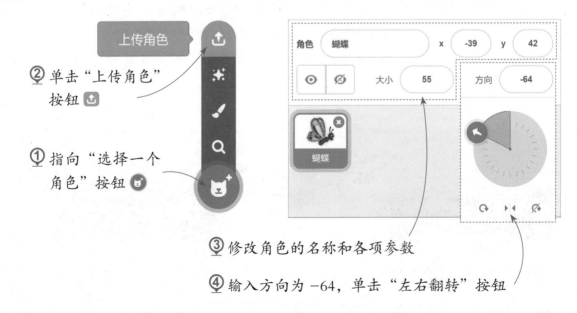

③ 修改角色的名称和各项参数

④ 输入方向为 −64，单击"左右翻转"按钮

**步骤 03** 将自定义的"蝴蝶造型2"上传到"蝴蝶"角色的造型列表,以便在后面蝴蝶飞舞时进行造型的切换。

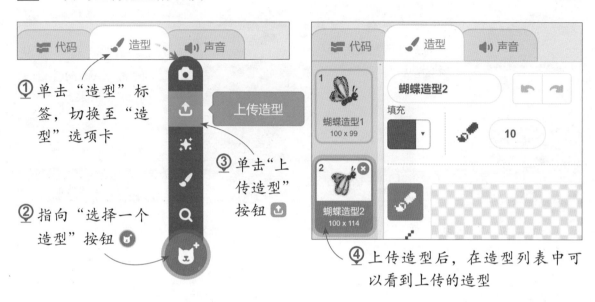

① 单击"造型"标签,切换至"造型"选项卡

② 指向"选择一个造型"按钮

③ 单击"上传造型"按钮

④ 上传造型后,在造型列表中可以看到上传的造型

**步骤 04** 复制"蝴蝶"角色2次,得到"蝴蝶2"和"蝴蝶3"角色,分别调整复制角色的位置和方向。

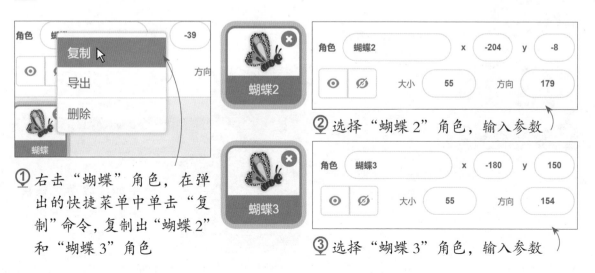

① 右击"蝴蝶"角色,在弹出的快捷菜单中单击"复制"命令,复制出"蝴蝶2"和"蝴蝶3"角色

② 选择"蝴蝶2"角色,输入参数

③ 选择"蝴蝶3"角色,输入参数

步骤 **05** 选择"蝴蝶"角色，编写脚本，让该角色面向 -180°～ 180°之间的随机方向。

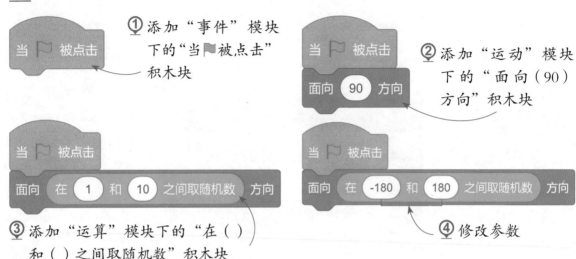

① 添加"事件"模块下的"当▐被点击"积木块

② 添加"运动"模块下的"面向（90）方向"积木块

③ 添加"运算"模块下的"在（）和（）之间取随机数"积木块

④ 修改参数

步骤 **06** 通过重复执行脚本，让舞台中的"蝴蝶"角色移动起来。

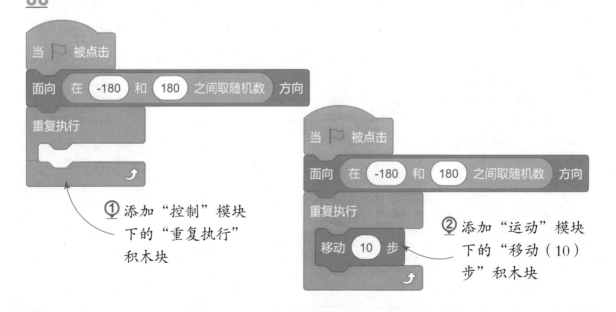

① 添加"控制"模块下的"重复执行"积木块

② 添加"运动"模块下的"移动（10）步"积木块

步骤
**07** 单击 🏳 按钮，运行编写的脚本，会发现"蝴蝶"角色已经可以在舞台上移动了，但是它在碰到舞台边缘后会一直卡在边缘处。

单击 🏳 按钮

卡在舞台边缘

步骤
**08** 添加"碰到边缘就反弹"积木块，并设置翻转方式，让"蝴蝶"角色在舞台上自动来回移动。

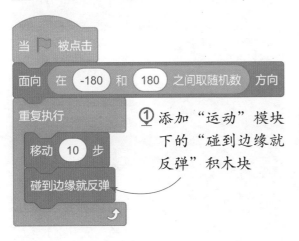

① 添加"运动"模块下的"碰到边缘就反弹"积木块

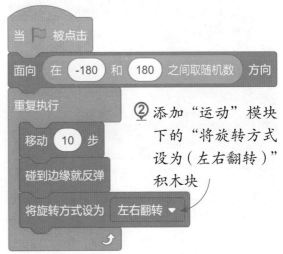

② 添加"运动"模块下的"将旋转方式设为（左右翻转）"积木块

步骤 09 单击▶按钮，运行当前脚本，可以看到当"蝴蝶"角色移动到舞台边缘时，会自动转向，不会卡在边缘处了。

步骤 10 继续编写脚本，使"蝴蝶"角色在移动的过程中每隔一定时间就切换造型。

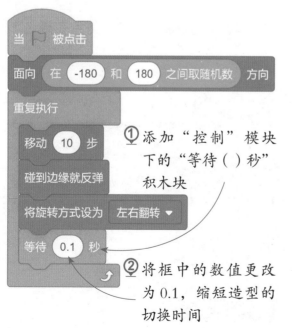

① 添加"控制"模块下的"等待（ ）秒"积木块

② 将框中的数值更改为0.1，缩短造型的切换时间

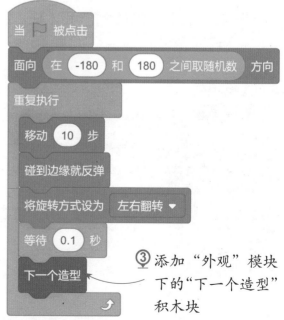

③ 添加"外观"模块下的"下一个造型"积木块

步骤
**11** 单击 ▶ 按钮，运行当前脚本，可以看到"蝴蝶"角色在舞台上移动的过程中还会不停地变换造型，呈现出更加生动、逼真的飞舞效果。

步骤
**12** 将"蝴蝶"角色的脚本复制到"蝴蝶2"角色上，让"蝴蝶2"角色以同样的方式在舞台上飞舞。

① 将脚本区的积木组拖动到角色区的"蝴蝶2"角色上方，释放鼠标，复制脚本

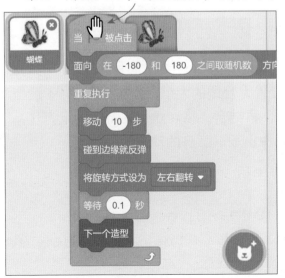

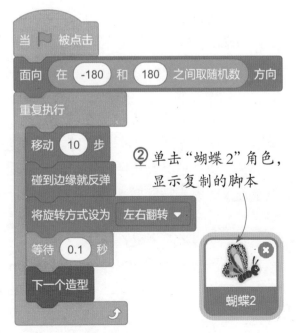

② 单击"蝴蝶2"角色，显示复制的脚本

步骤 **13** 选择"蝴蝶 3"角色，为角色添加脚本，使其跟随鼠标轨迹飞舞。到这里，这个实例就制作完成了。

蝴蝶3

添加"运动"模块下的
"移到（鼠标指针）"
积木块，使"蝴蝶 3"
角色跟随鼠标轨迹移动

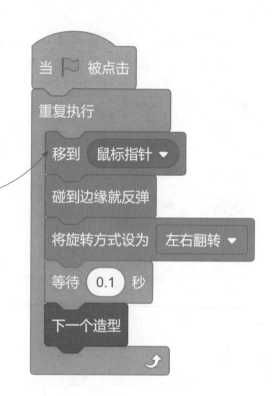

## 实例08  虚像特效制作城堡边飞舞的精灵动画

本实例将学习制作精灵在城堡边时隐时现地飞舞的动画。先上传自定义的"城堡"背景和"精灵"角色，将"精灵"角色设置为合适的大小，添加"换成（）造型"积木块，使"精灵"角色以不同的造型现身，再结合"将（虚像）特效设定为（）"和"将（虚像）特效增加（）"积木块，制作出渐渐隐身的动画效果。

| 难度指数 | ★☆☆☆☆ |
| 素材文件 | 实例文件 \03\ 素材 \ 城堡 .png、精灵 1 ～ 3.png |
| 程序文件 | 实例文件 \03\ 源文件 \ 实例 08: 虚像特效制作城堡边飞舞的精灵动画.sb3 |

## 🎯 技术要点 01：设置图形特效

使用"将（颜色）特效设定为（）"积木块可以为角色和背景应用 7 种图形特效。

单击"将（颜色）特效设定为（）"积木块中"颜色"右侧的下拉按钮，在展开的列表中即可选择要应用的特效，包括"颜色""鱼眼""漩涡""像素化""马赛克""亮度""虚像"，如右图所示。在积木块右侧的框中可以输入数值，指定特效的强度。

"颜色"特效可以改变角色或背景的颜色；"鱼眼"特效可以让角色或背景从中心位置凸出来或凹进去；"漩涡"特效可以让角色或背景从中心位置开始扭曲，形成像水流漩涡的造型；"像素化"特效可以把角色或背景变成像是由一个个像素块组成的效果；"马赛克"特效可以根据设置的参数值，呈现相应数量的角色或背景的小图像均匀拼贴在一起的效果；"亮度"特效可以改变角色或背景的明亮度；"虚像"特效可以改变角色或背景的不透明度。下面几幅图展示了各种特效的应用效果。

## 🎯 技术要点 02：有限次数的重复

利用"重复执行（）次"积木块可以按照指定的次数重复执行一组积木块，重复执行完毕后，才会继续执行下方的积木块。"重复执行（）次"积木块默认的执行次数为 10，如右图所示，我们可以根据需要在框中输入数值，更改重复执行的次数。

添加一个恐龙角色，如下左图所示；添加"重复执行（）次"积木块，将次数更改为 3 次，再添加"移动（）步"积木块，设置移动步数为 70，如下中图所示；单击积木组，可以看到通过 3 次移动，每次移动 70 步，恐龙从舞台左侧移动到了舞台右侧，如下右图所示。

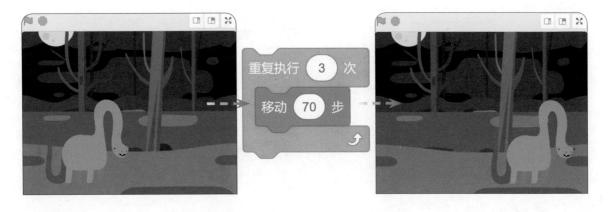

## 步骤详解

步骤
01
创建一个新的 Scratch 项目，上传自定义的"城堡"背景。

② 单击"上传背景"按钮 ⬆

① 指向"选择一个背景"按钮 🖼

步骤
02
删除初始角色，上传自定义的"精灵 1"角色，将上传的角色命名为"精灵"，调整"精灵"角色的大小和位置。

② 单击"上传角色"
按钮 ⬆

① 指向"选择一个
角色"按钮 🐱⁺

③ 修改角色的名称和各项参数

**步骤 03** 在"造型"选项卡下上传"精灵2"和"精灵3"两个造型。

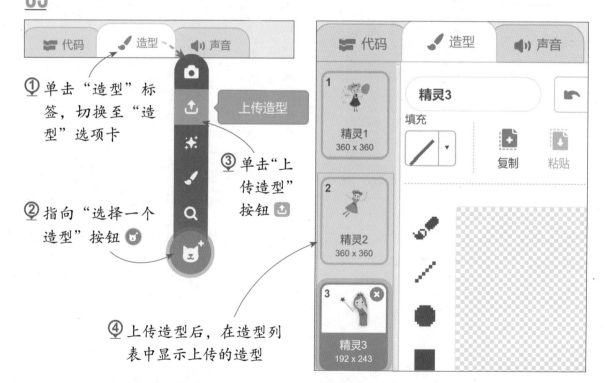

① 单击"造型"标
签，切换至"造
型"选项卡

② 指向"选择一个
造型"按钮 🐻

③ 单击"上
传造型"
按钮 ⬆

④ 上传造型后，在造型列
表中显示上传的造型

**步骤 04** 当单击▶按钮时，设置"精灵"角色的大小为 50%，以适应舞台背景。

① 添加"事件"模块下的"当▶被点击"积木块

② 添加"外观"模块下的"将大小设为（）"积木块，更改数值为 50

**步骤 05** 通过"重复执行"积木块，让"精灵"角色不断地随机切换造型。

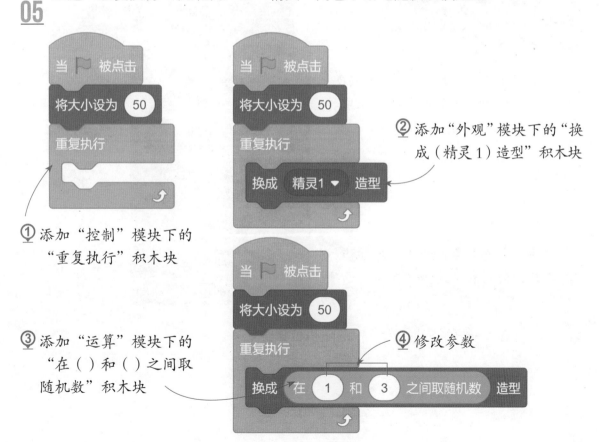

① 添加"控制"模块下的"重复执行"积木块

② 添加"外观"模块下的"换成（精灵1）造型"积木块

③ 添加"运算"模块下的"在（）和（）之间取随机数"积木块

④ 修改参数

步骤 **06** 为"精灵"角色添加虚像特效，并保留默认的虚像特效参数 0，即完全显示角色图像。

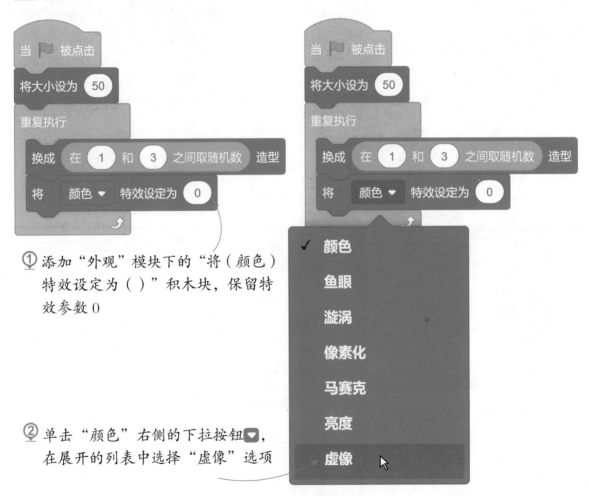

① 添加"外观"模块下的"将（颜色）特效设定为（ ）"积木块，保留特效参数 0

② 单击"颜色"右侧的下拉按钮▽，在展开的列表中选择"虚像"选项

步骤 **07** 将"精灵"角色移动到舞台中的随机位置上。

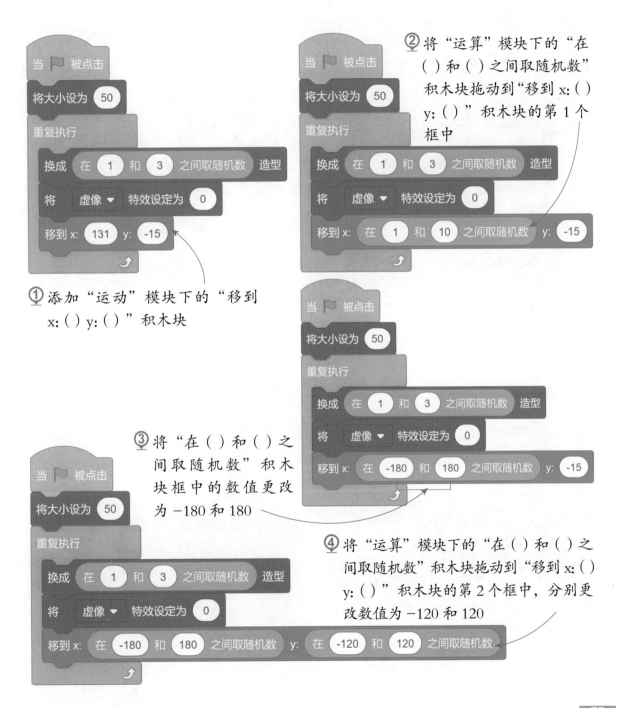

① 添加"运动"模块下的"移到 x: ( ) y: ( )"积木块

② 将"运算"模块下的"在 ( ) 和 ( ) 之间取随机数"积木块拖动到"移到 x: ( ) y: ( )"积木块的第 1 个框中

③ 将"在 ( ) 和 ( ) 之间取随机数"积木块框中的数值更改为 −180 和 180

④ 将"运算"模块下的"在 ( ) 和 ( ) 之间取随机数"积木块拖动到"移到 x: ( ) y: ( )"积木块的第 2 个框中,分别更改数值为 −120 和 120

步骤 **08** 单击▶按钮，运行当前脚本，可以看到"精灵"角色已经可以在舞台上以随机造型出现在随机位置了。

步骤 **09** 设置"精灵"角色在舞台上显示一定的时间。

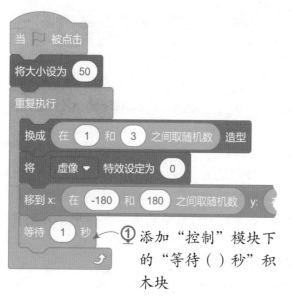

① 添加"控制"模块下的"等待( )秒"积木块

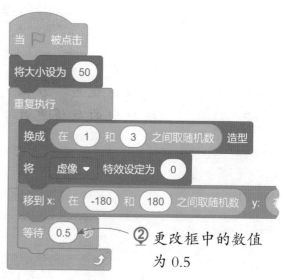

② 更改框中的数值为 0.5

步骤 **10** 结合"重复执行（）次"积木块和虚像特效，使"精灵"角色每隔 0.3 秒就减小不透明度，呈现出渐渐隐身的效果。

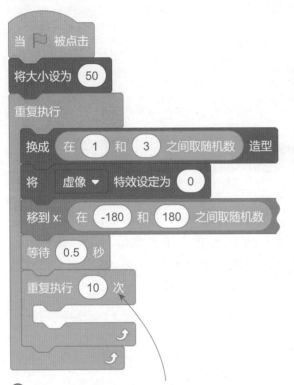

① 添加"控制"模块下的"重复执行（）次"积木块，保留默认的执行次数 10

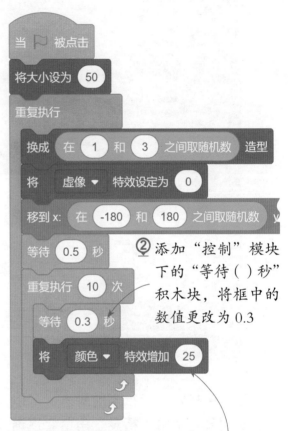

② 添加"控制"模块下的"等待（）秒"积木块，将框中的数值更改为 0.3

③ 添加"外观"模块下的"将（颜色）特效增加（）"积木块

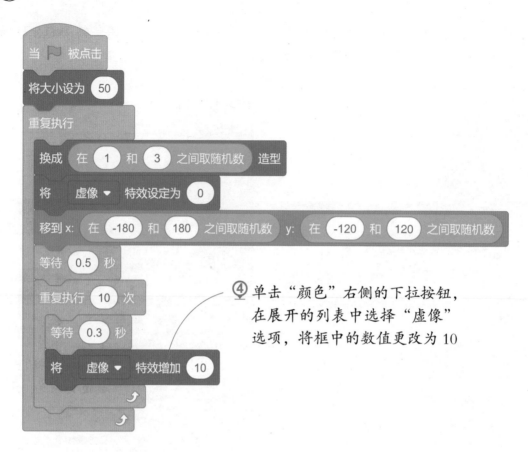

④ 单击"颜色"右侧的下拉按钮，在展开的列表中选择"虚像"选项，将框中的数值更改为 10

**步骤 11** 单击 ▶ 按钮，运行当前脚本，可以看到舞台上的"精灵"角色会逐渐变得越来越透明，最后消失不见。到这里，这个实例就制作完成了。

## 实例09 通过克隆制作烟花绽放动画

本实例将制作一个烟花绽放的动画。先利用绘制角色的功能绘制一个"小红点"角色，并上传不同的自定义烟花造型，然后利用"控制"模块下的"克隆（自己）"和"当作为克隆体启动时"积木块呈现出随机的烟花绽放效果。

| 难度指数 | ★ ★ ★ ☆ ☆ |
| --- | --- |
| 素材文件 | 实例文件 \03\ 素材 \ 烟花 1 ～ 3.png |
| 程序文件 | 实例文件 \03\ 源文件 \ 实例 09：通过克隆制作烟花绽放动画 .sb3 |

## 🎯 技术要点：克隆

在之前的实例中，当我们需要使用角色的复制品时，是在角色区中利用右键快捷菜单来复制角色的。其实，Scratch 还提供了另一种复制角色的方式——克隆。克隆让我们能够通过编写脚本来控制角色的复制，比右键快捷菜单更为方便和灵活。克隆出来的角色作为克隆体存在，并且会继承原角色的所有状态和脚本。与克隆相关的积木块一共有 3 个，分别是"克隆（自己）""当作为克隆体启动时""删除此克隆体"。

"克隆（自己）"积木块用于克隆当前角色，也可以单击"自己"右侧的下拉按钮▼，在展开的列表中选择想要克隆的其他角色。假设要克隆舞台中的"小汽车"角色，如下左图所示；可以为该角色添加"克隆（自己）"积木块，如下中图所示；单击积木块运行脚本，就会创建原角色的克隆体，因为克隆体的"出生点"就是原角色所在的位置，所以克隆体会被原角色覆盖，此时在舞台中是看不到克隆体的，如下右图所示。

"当作为克隆体启动时"积木块用于告知克隆体在创建后应该做什么。创建克隆体后，即触发该积木块下的脚本。仍以上面的"小汽车"角色为例，再为角色添加"当作为克隆体启动时"积木块，接着添加"运动"模块下的"在（1）秒内滑行到 x:（140）y:（-100）"积木块，即可让克隆体在创建后滑行到指定位置，如下左图所示。如果要在克隆体执行完与之有关的脚本后删除克隆体，则可在下方添加"删除此克隆体"积木块，如下右图所示。

## 步骤详解

**步骤 01** 创建一个新的 Scratch 项目，添加背景库中的 "Night City" 背景。

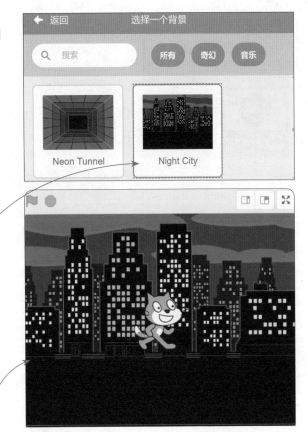

① 单击"选择一个背景"按钮

② 选择 "Night City" 背景

③ 选择背景后，在舞台上显示 "Night City" 背景

**步骤 02** 删除初始角色。通过"绘制"的方式，用"圆"工具绘制一个填充红色的圆形，命名此造型为"小红点"，更改角色的名称和大小，再将自定义的"烟花1""烟花2""烟花3"造型上传到角色的造型列表中。

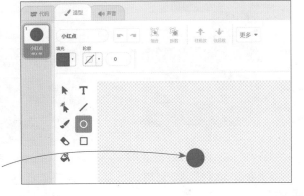

① 用"圆"工具绘制圆形

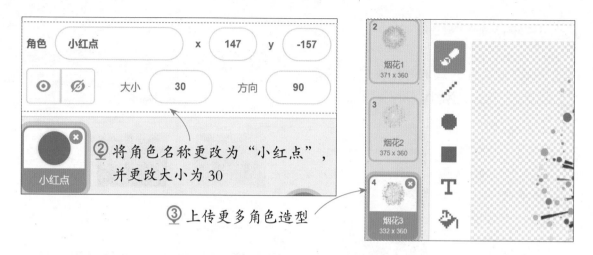

② 将角色名称更改为"小红点"，并更改大小为 30

③ 上传更多角色造型

**步骤 03** 编写脚本，在程序刚开始运行时隐藏"小红点"角色。

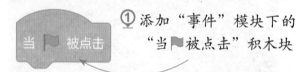

① 添加"事件"模块下的"当 ▶ 被点击"积木块

② 添加"外观"模块下的"隐藏"积木块

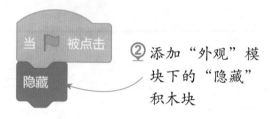

**步骤 04** 添加"克隆（自己）"积木块，在隐藏角色的情况下克隆角色。

① 添加"控制"模块下的"重复执行"积木块

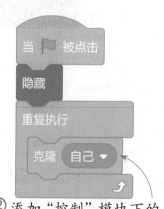

② 添加"控制"模块下的"克隆（自己）"积木块

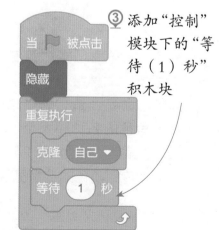

③ 添加"控制"模块下的"等待（1）秒"积木块

**步骤 05** 当作为克隆体启动时，设定克隆体的初始造型，并将克隆体移到舞台中间。

① 添加"控制"模块下的"当作为克隆体启动时"积木块

② 添加"外观"模块下的"换成（小红点）造型"积木块

③ 添加"运动"模块下的"移到 x:（）y:（）"积木块

**步骤 06** 烟花绽放的位置具有一定的随机性，因此，添加"在（）和（）之间取随机数"积木块，让克隆体显示在舞台中的随机位置上。

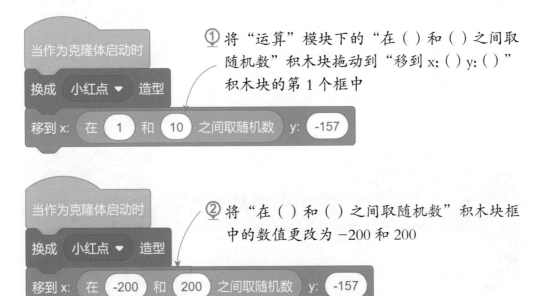

① 将"运算"模块下的"在（）和（）之间取随机数"积木块拖动到"移到 x:（）y:（）"积木块的第 1 个框中

② 将"在（）和（）之间取随机数"积木块框中的数值更改为 −200 和 200

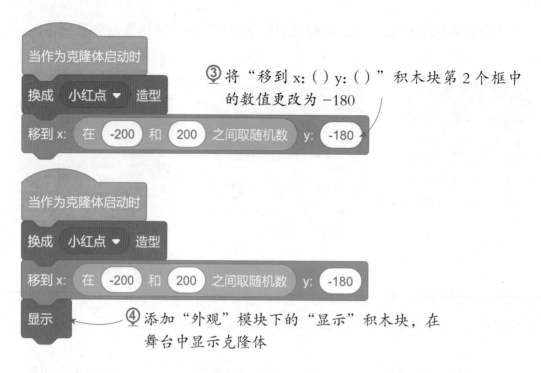

③ 将"移到 x: ( ) y: ( )"积木块第 2 个框中
的数值更改为 −180

④ 添加"外观"模块下的"显示"积木块，在
舞台中显示克隆体

**步骤 07** 指定随机数范围，让克隆体滑动到舞台上方的随机位置。

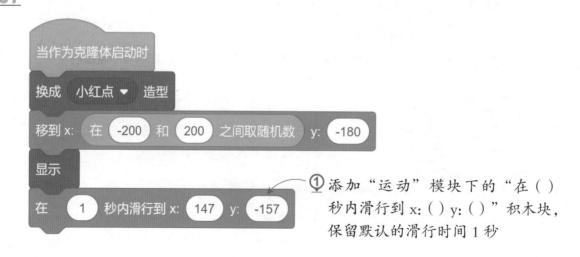

① 添加"运动"模块下的"在 ( )
秒内滑行到 x: ( ) y: ( )"积木块，
保留默认的滑行时间 1 秒

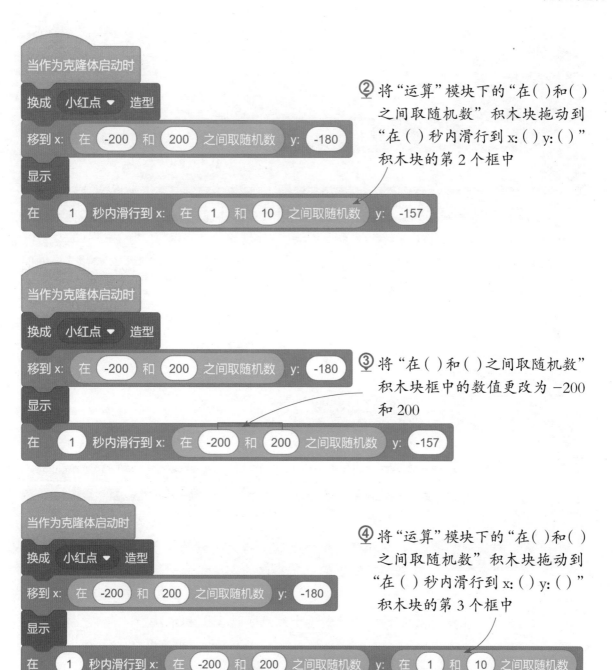

② 将"运算"模块下的"在( )和( )之间取随机数"积木块拖动到"在( )秒内滑行到 x: ( ) y: ( )"积木块的第 2 个框中

③ 将"在( )和( )之间取随机数"积木块框中的数值更改为 -200 和 200

④ 将"运算"模块下的"在( )和( )之间取随机数"积木块拖动到"在( )秒内滑行到 x: ( ) y: ( )"积木块的第 3 个框中

⑤ 将"在（）和（）之间取随机数"积木块框中的数值更改为 60 和 150

**步骤 08** 调整克隆体的大小，并通过指定随机数范围，使克隆体的造型在"烟花1""烟花2""烟花3"3个造型之间随机切换。

① 添加"外观"模块下的"将大小设为（）"积木块，将框中的数值更改为 20

② 添加"外观"模块下的"换成（小红点）造型"积木块

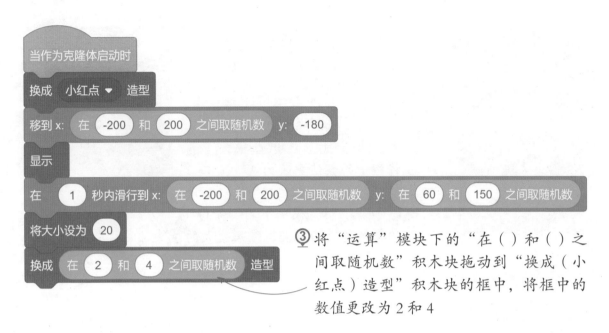

③ 将"运算"模块下的"在( )和( )之间取随机数"积木块拖动到"换成(小红点)造型"积木块的框中,将框中的数值更改为 2 和 4

**步骤 09** 单击 ▶ 按钮,运行当前脚本,就可以在舞台上看到随机升起的烟花效果,但是烟花缺少"绽放"的感觉,并且烟花最终会停留在舞台上方不动。

**步骤 10** 我们在现实生活中放烟花时,不难发现烟花在绽放时会有一个由小变大的过程。因此,还需要通过重复执行,使克隆体不断变大,才能呈现出"绽放"的效果。

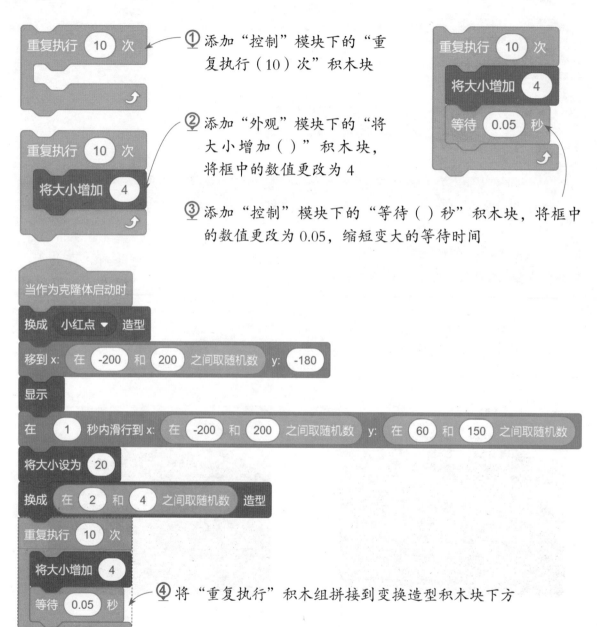

① 添加"控制"模块下的"重复执行（10）次"积木块

② 添加"外观"模块下的"将大小增加（）"积木块，将框中的数值更改为 4

③ 添加"控制"模块下的"等待（）秒"积木块，将框中的数值更改为 0.05，缩短变大的等待时间

④ 将"重复执行"积木组拼接到变换造型积木块下方

步骤
11
由于烟花在绽放后不能显示在舞台中，因此需要删除克隆体。

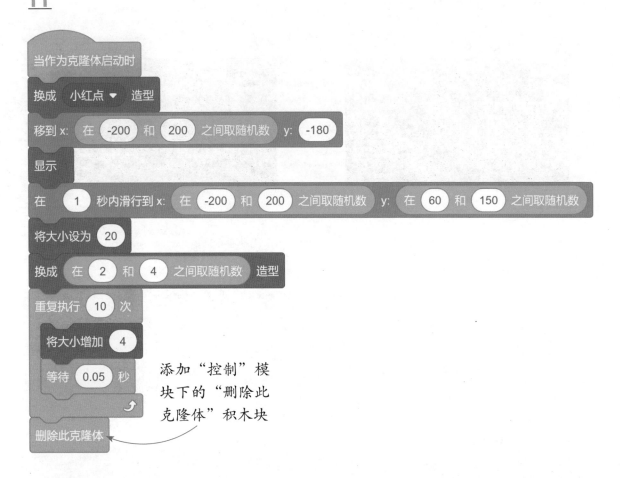

添加"控制"模
块下的"删除此
克隆体"积木块

 技巧提示："移到"和"滑行"的区别

　　"移到"类积木块和"滑行"类积木块都能让角色移动到指定位置。
"移到"类积木块的执行过程是瞬间完成的，人眼几乎无法察觉；"滑行"
类积木块的执行过程则是在指定时间内以人眼可见的方式完成的。

步骤 **12** 单击▶按钮，运行当前脚本，就可以看到流畅、自然的烟花绽放动画。到这里，这个实例就制作完成了。

## 实例10　多次克隆制作猴子接香蕉游戏

本实例将制作一个猴子接香蕉的小游戏。这个游戏会在舞台上随机显示多个不断下落的香蕉，而玩家需要用鼠标控制猴子移动，接住下落的香蕉。脚本编写的关键点有两个：第一个是通过重复执行"克隆（自己）"积木块，克隆出多个相同的"香蕉"角色，实现香蕉随机下落的效果；第二个是利用"移到（鼠标指针）"积木块控制猴子跟随鼠标移动。

**难度指数** ★ ★ ☆ ☆ ☆

**素材文件** ▶ 实例文件 \03\ 素材 \ 接香蕉背景 .svg

**程序文件** ▶ 实例文件 \03\ 源文件 \ 实例 10：多次克隆制作猴子接香蕉游戏 .sb3

### ◎ 步骤详解

步骤 **01** 创建一个新的 Scratch 项目，上传自定义的"接香蕉背景"图像作为舞台背景。删除初始角色，添加角色库中的"Bananas"和"Monkey"角色，分别更改角色名称为"香蕉"和"猴子"。

接香蕉背景
480 x 360

**步骤 02** 为"香蕉"角色编写脚本：通过克隆"自己"，在舞台上显示多个香蕉，然后让"香蕉"角色的每个克隆体从舞台顶部的随机位置下落，当它碰到"猴子"角色时，则被移回舞台顶部，重新下落。

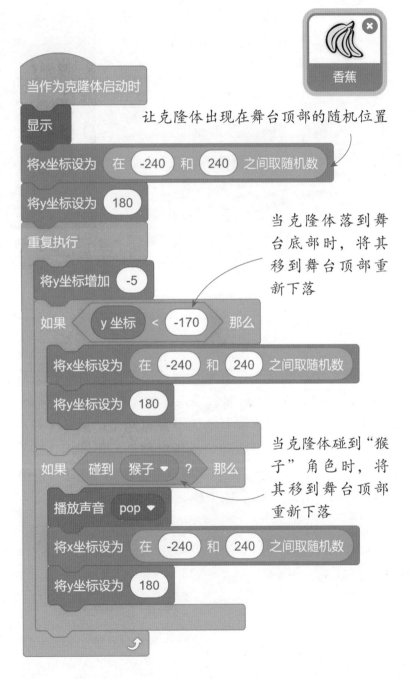

香蕉

当作为克隆体启动时
显示

让克隆体出现在舞台顶部的随机位置

将x坐标设为 在 -240 和 240 之间取随机数
将y坐标设为 180
重复执行
　将y坐标增加 -5

当克隆体落到舞台底部时，将其移到舞台顶部重新下落

　如果 y 坐标 < -170 那么
　　将x坐标设为 在 -240 和 240 之间取随机数
　　将y坐标设为 180

当克隆体碰到"猴子"角色时，将其移到舞台顶部重新下落

　如果 碰到 猴子 ▼ ？ 那么
　　播放声音 pop ▼
　　将x坐标设为 在 -240 和 240 之间取随机数
　　将y坐标设为 180

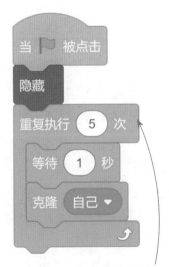

当 ▶ 被点击
隐藏
重复执行 5 次
　等待 1 秒
　克隆 自己 ▼

重复执行 5 次克隆自己的操作，克隆出更多的"香蕉"角色

步骤 **03** 为"猴子"角色编写脚本，实现用鼠标控制角色移动。到这里，这个实例就制作完成了。

 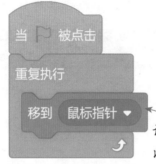

让"猴子"角色始终跟随鼠标指针移动，以进行接香蕉的操作

## 实例11 巧设坐标制作躲避炮弹攻击游戏

本实例将制作一个躲避炮弹攻击的小游戏。在游戏过程中，会有炮弹从舞台顶部不断地向下发射，玩家需要用鼠标控制火箭移动来躲避炮弹，一旦火箭碰到炮弹，游戏就结束了。脚本编写的关键点有两个：第一个是利用"移到（鼠标指针）"积木块让"火箭"角色跟随鼠标指针移动，再利用"碰到（）"积木块判断"火箭"角色是否碰到"炮弹"角色；第二个是利用"克隆（自己）"积木块，克隆出多个"炮弹"角色，在舞台中制造出炮弹纷飞的效果。

**难度指数** ★★☆☆☆
**素材文件** 实例文件 \03\ 素材 \ 火箭 .png
**程序文件** 实例文件 \03\ 源文件 \ 实例 11：巧设坐标制作躲避炮弹攻击游戏 .sb3

🎯 **步骤详解**

步骤 **01** 创建一个新的 Scratch 项目，删除初始角色。添加背景库中的 "Stars" 背景。

步骤 **02** 添加角色库中的"ball"角色，修改名称为"炮弹"。上传自定义的"火箭"角色，并为其编写脚本，实现用鼠标控制"火箭"角色的移动。

让"火箭"角色跟随鼠标指针的轨迹移动

当"火箭"角色碰到"炮弹"角色时，停止全部脚本的运行

步骤 **03** 选中"炮弹"角色，为该角色编写脚本，让其随机出现在舞台顶部，然后面向随机方向移动，直到碰到舞台边缘为止。到这里，这个实例就制作完成了。

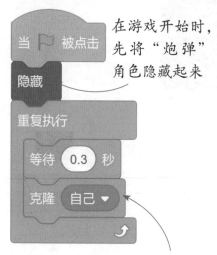

在游戏开始时，先将"炮弹"角色隐藏起来

重复执行克隆自己的操作，复制出更多相同的"炮弹"角色

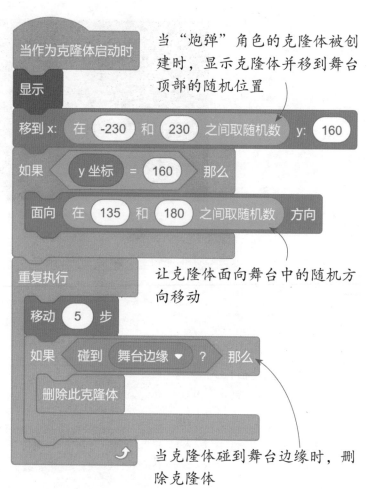

当"炮弹"角色的克隆体被创建时，显示克隆体并移到舞台顶部的随机位置

让克隆体面向舞台中的随机方向移动

当克隆体碰到舞台边缘时，删除克隆体

## 实例12　随机转换造型打造换装达人

　　本实例将学习制作一个换装的小游戏。先将自定义的"短袖"和"长裤"角色添加到舞台中，然后分别设置其颜色，制作出角色的多个造型，再结合"换成（）造型"和"在（）和（）之间取随机数"积木块，在创建的角色造型间随机切换，为人物变换不同颜色的着装。

| 难度指数 | ★☆☆☆☆ |
|---|---|
| 素材文件 | 实例文件\03\素材\换装背景.svg、模特.svg、短袖.svg、长裤.svg |
| 程序文件 | 实例文件\03\源文件\实例12：随机转换造型打造换装达人.sb3 |

## 🎯 步骤详解

**步骤 01** 创建一个新的 Scratch 项目，删除初始角色。上传"换装背景"图像，然后上传"模特"角色。

**步骤 02** 上传"短袖"角色，在造型列表中将其命名为"短袖-造型1"，复制两个角色造型，命名为"短袖-造型2"和"短袖-造型3"，再分别将其设置为不同的颜色。

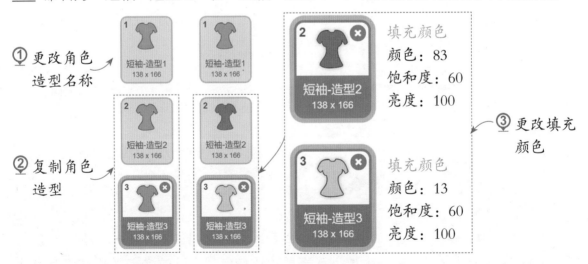

**步骤 03** 选中"短袖"角色，为角色编写脚本：当单击▶按钮时，让该角色移动到"模特"角色右侧，并显示为第一个造型；当单击该角色时，让该角色随机切换为 3 个造型中的一个造型，然后移动到"模特"角色身上。

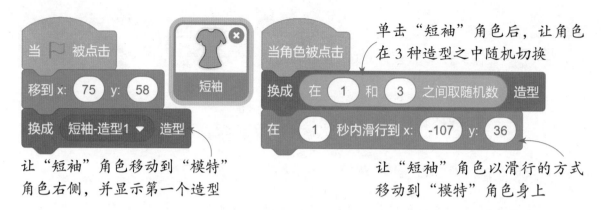

当 🏳 被点击

移到 x: 75 y: 58

换成 短袖-造型1 ▼ 造型

让"短袖"角色移动到"模特"
角色右侧，并显示第一个造型

单击"短袖"角色后，让角色
在 3 种造型之中随机切换

当角色被点击

换成 在 1 和 3 之间取随机数 造型

在 1 秒内滑行到 x: -107 y: 36

让"短袖"角色以滑行的方式
移动到"模特"角色身上

步骤 **04** 上传"长裤"角色，在造型列表中将其命名为"长裤-造型1"，复制两个角色造型，命名为"长裤-造型2"和"长裤-造型3"，再分别将其设置为不同的颜色。

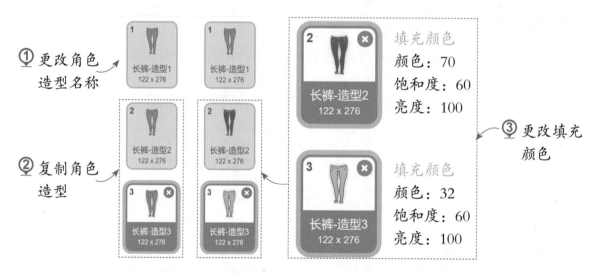

① 更改角色造型名称

长裤-造型1
122 x 276

长裤-造型1
122 x 276

② 复制角色造型

长裤-造型2
122 x 276

长裤-造型2
122 x 276

长裤-造型3
122 x 276

长裤-造型3
122 x 276

2 长裤-造型2
122 x 276

填充颜色
颜色：70
饱和度：60
亮度：100

3 长裤-造型3
122 x 276

填充颜色
颜色：32
饱和度：60
亮度：100

③ 更改填充颜色

步骤 **05** 选中"长裤"角色，为角色编写脚本：当单击 🏳 按钮时，让该角色移动到"模特"角色右侧，并显示为第一个造型；当单击该角色时，让该角色随机切换为 3 个造型中的一个造型，然后移动到"模特"角色身上。到这里，这个实例就制作完成了。

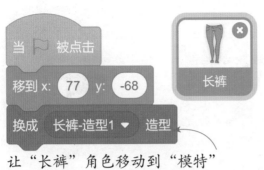

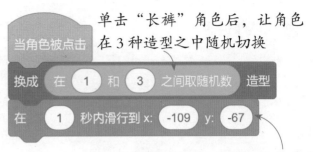

单击"长裤"角色后,让角色在 3 种造型之中随机切换

让"长裤"角色移动到"模特"角色右侧,并显示第一个造型

让"长裤"角色以滑行的方式移动到"模特"角色身上

## 实例13 随机旋转制作热闹的昆虫聚会动画

本实例将制作一个热闹的昆虫聚会动画,画面中有蚱蜢在来回跳动,有瓢虫和蜜蜂在自由飞舞。在编写脚本时,利用"重复执行"积木块让角色不停地移动,再结合运用"左转()度""右转()度""在()和()之间取随机数"积木块,让"瓢虫"和"蜜蜂"角色在移动过程中随机改变移动的方向,呈现出更加自然、逼真的飞舞效果。

**难度指数** ★★☆☆☆

**素材文件** 实例文件 \03\ 素材 \ 草丛 .svg、蜜蜂造型 1 ～ 2.svg、瓢虫造型 1 ～ 2.svg

**程序文件** 实例文件 \03\ 源文件 \ 实例 13:随机旋转制作热闹的昆虫聚会动画 .sb3

🎯 **步骤详解**

步骤 **01** 创建一个新的 Scratch 项目，删除初始角色。上传自
定义的"草丛"背景，作为昆虫聚会的场景。

步骤 **02** 添加角色库中的"Grasshopper"角色，将其命名为"蚱蜢"，为角色编写脚本，
让角色在舞台中左右来回移动，并同时播放昆虫鸣叫的声音。

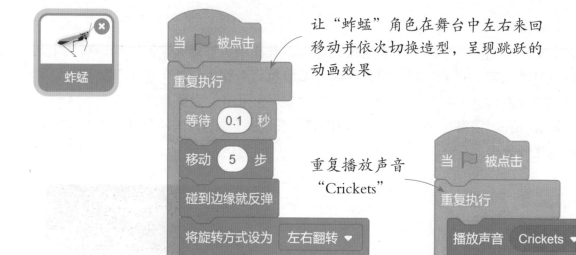

让"蚱蜢"角色在舞台中左右来回
移动并依次切换造型，呈现跳跃的
动画效果

重复播放声音
"Crickets"

步骤 **03** 上传自定义的"瓢虫造型 1"角色，将角色重命名为"瓢虫"，然后在造型列
表中上传"瓢虫造型 2"。为"瓢虫"角色编写脚本，让角色在移动的同时，
每隔一定时间就逆时针旋转一个随机的角度，改变移动的方向。

瓢虫

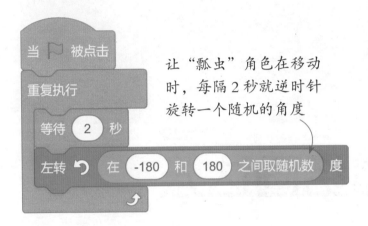

让"瓢虫"角色在移动时，每隔 2 秒就逆时针旋转一个随机的角度

**步骤 04** 上传自定义的"蜜蜂造型 1"角色，将角色重命名为"蜜蜂"，然后在造型列表中上传"蜜蜂造型 2"。为"蜜蜂"角色编写脚本，让角色在移动的同时，每隔一定时间就顺时针旋转一个随机的角度，改变移动的方向。

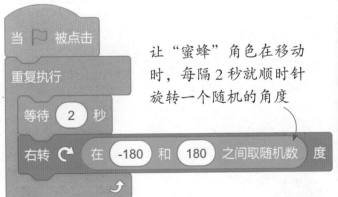

让"蜜蜂"角色在移动时，每隔 2 秒就顺时针旋转一个随机的角度

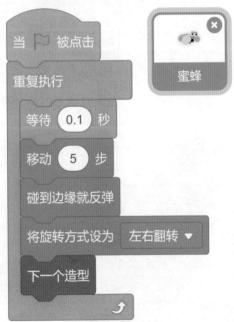

蜜蜂

# 变身绘画达人

孩子们似乎天生就会涂鸦，喜欢用画画来表达自己。而要让计算机"画画"，则要通过编程来实现。在 Scratch 中，可以调用"画笔"扩展模块在舞台上绘制出各种漂亮的图案。下面就一起来变身绘画小达人吧！

## 实例14 画笔勾线制作诗句连线画

本实例要制作一个诗句连线画的小游戏。舞台上会显示一些能组成完整诗句的汉字，玩家需要按住空格键不放，然后移动鼠标，按照诗句的顺序在汉字之间连线，如果连线顺序正确，最终就能画出一只可爱的小鲸鱼。

| 难度指数 | ★★☆☆☆ |
|---|---|
| 素材文件 | 实例文件 \04\ 素材 \ 游戏介绍 .png、连线背景 .png |
| 程序文件 | 实例文件 \04\ 源文件 \ 实例 14：画笔勾线制作诗句连线画 .sb3 |

### 技术要点 01：设置画笔状态和颜色

使用"画笔"扩展模块可绘制丰富多彩的图案。绘制前需要利用"落笔"和"抬笔"积木块控制画笔的状态。"落笔"状态下才能绘制，"抬笔"状态下则停止绘制。

添加角色库中的"Pencil"角色，切换至"造型"选项卡，用"选择"工具在绘图区选中并拖动整个铅笔图形，如下左图所示，让笔尖位于绘图区中心点处，如下右图所示。

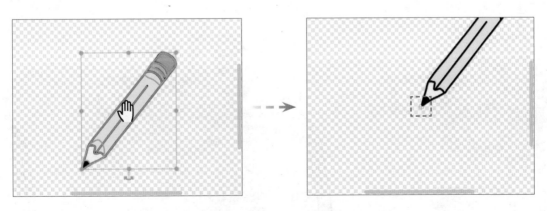

为角色依次添加"画笔"扩展模块下的"落笔"和"将笔的颜色设为（）"积木块，接着添加"运动"模块下的"移动（100步）"积木块，单击"将笔的颜色设为（）"

积木块右侧的颜色框，更改画笔的颜色，如下左图所示；运行脚本，就能看到角色应用设置的颜色绘制出的线条，如下右图所示。

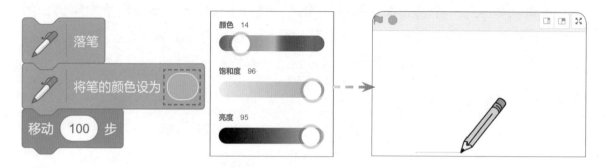

## ◎ 技术要点 02：调整画笔粗细

应用画笔绘画时，除了需要设置画笔的颜色，有时还需要设置画笔的粗细。画笔的粗细默认值为 1，可以使用"画笔"扩展模块下的"将笔的粗细设为（）"积木块更改画笔的粗细。添加该积木块后，通过更改框中的数值来控制画笔的粗细，输入的数值越大，画笔就越粗。

画笔的粗细为默认值 1 时，绘制出的图形如下左图所示；更改数值为 10 后，绘制出的图形如下右图所示。

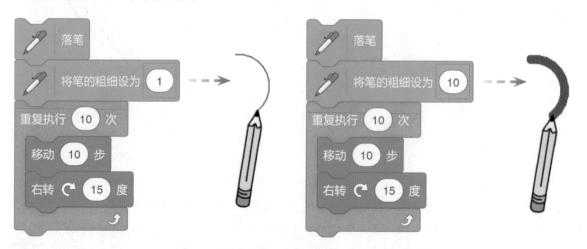

## 步骤详解

**步骤 01** 创建一个新的 Scratch 项目，上传自定义的"连线背景"背景。

② 单击"上传背景"按钮

① 指向"选择一个背景"按钮

③ 选择"连线背景"素材

④ 单击"打开"按钮

**步骤 02** 删除初始角色，上传自定义的"游戏介绍"角色，并设置角色的位置和大小等基本参数，让其在舞台中显得更美观。

② 单击"上传角色"按钮

① 指向"选择一个角色"按钮

③ 设置角色参数

| 角色 | 游戏介绍 | x | 9 | y | 7 |
|------|---------|---|---|---|---|
| | | 大小 | 80 | 方向 | 90 |

**步骤 03** 绘制"小黑点"角色，作为绘画脚本的载体，在舞台上完成绘画。

② 单击"绘制"
按钮

绘制

① 指向"选择一个
角色"按钮

③ 单击"圆"工具

④ 绘制小圆形

步骤 **04** 选中"游戏介绍"角色，为角色编写脚本，实现在游戏开始时切换到"背景1"的纯色背景，并显示"游戏介绍"角色。

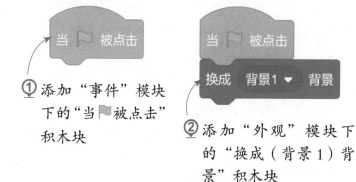

① 添加"事件"模块下的"当▶被点击"积木块

② 添加"外观"模块下的"换成（背景1）背景"积木块

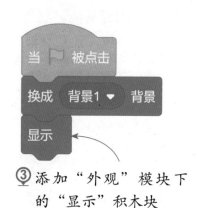

③ 添加"外观"模块下的"显示"积木块

步骤 **05** 设置等待一定的时间后，广播消息。

① 添加"控制"模块下的"等待( )秒"积木块

② 将"等待( )秒"积木块的框中数值更改为 5

③ 添加"事件"模块下的"广播（消息1）"积木块

**步骤 06** 将广播积木块中的"消息 1"设置为"游戏开始"新消息。

① 单击"消息1"右侧的下拉按钮，在展开的列表中选择"新消息"选项

② 输入新消息名称为"游戏开始"

③ 单击"确定"按钮

**步骤 07** 将背景切换为"连线背景",显示用于连线的背景,并隐藏"游戏介绍"角色。

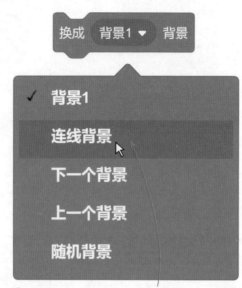

① 添加"外观"模块下的"换成(背景1)背景"积木块

② 单击"背景1"右侧的下拉按钮▼,在展开的列表中选择"连线背景"选项

③ 添加"外观"模块下的"隐藏"积木块

**步骤 08** 将"画笔"扩展模块添加到模块分类区。

① 单击"添加扩展"按钮

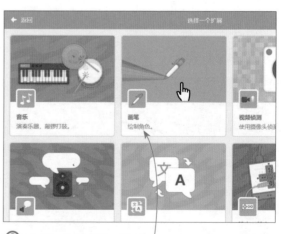

② 选择"画笔"扩展

步骤 **09** 选中"小黑点"角色，为角色编写脚本。在游戏开始时，先将角色隐藏起来，擦除所有图案并将画笔状态设置为"抬笔"。

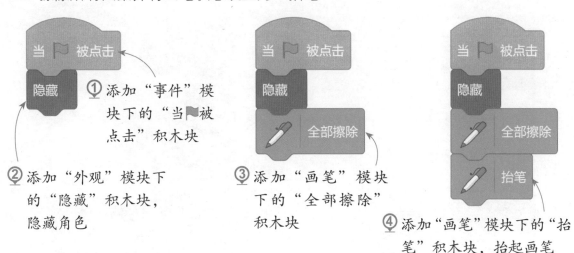

① 添加"事件"模块下的"当▶被点击"积木块

② 添加"外观"模块下的"隐藏"积木块，隐藏角色

③ 添加"画笔"模块下的"全部擦除"积木块

④ 添加"画笔"模块下的"抬笔"积木块，抬起画笔

步骤 **10** 根据需要重新设置画笔的颜色。

① 添加"画笔"扩展模块下的"将笔的颜色设为（）"积木块

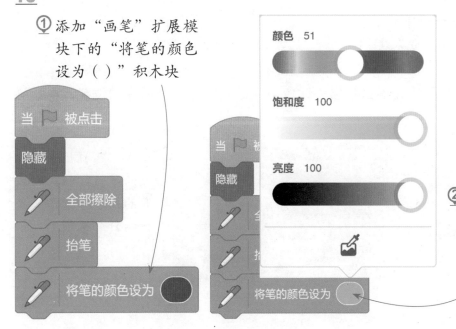

颜色 51

饱和度 100

亮度 100

② 单击"将笔的颜色设为（）"积木块右侧的颜色框，设置颜色：51、饱和度：100、亮度：100

步骤 **11** 将画笔的粗细设置为 2，完成绘画的初始化设置。

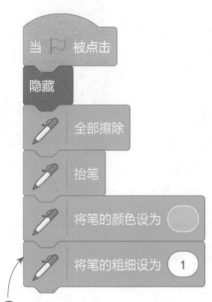

① 添加"画笔"模块下的"将笔的粗细设为（）"积木块

② 将"将笔的粗细设为（）"框中的数值更改为 2

步骤 **12** 要实现用鼠标绘画的效果，就要先让角色移动到鼠标指针所在的位置，再让画笔落下。

① 添加"运动"模块下的"移到（随机位置）"积木块

② 单击"随机位置"右侧的下拉按钮，在展开的列表中选择"鼠标指针"选项

③ 将移动的位置更改为
鼠标指针所在的位置

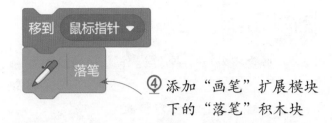

④ 添加"画笔"扩展模块
下的"落笔"积木块

步骤 **13** 游戏过程中并不是随时都能用鼠标绘画的，而是需要满足一定的条件，即按住
空格键不放。

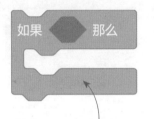

① 添加"控制"模块
下的"如果……那
么……"积木块

② 将"侦测"模块下的"按下（空格）
键？"积木块拖动到"如果……
那么……"积木块的条件框中

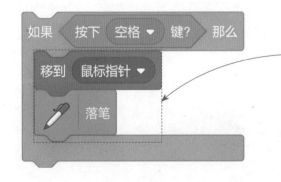

③ 将实现绘画功能的积木组镶嵌到
"如果……那么……"积木块下
方的空白处

**技巧提示：侦测其他按键**

　　若要将按下其他按键作为开始绘画的条件，可以单击"按下（空格）键？"积木块中"空格"右侧的下三角按钮，在展开的列表中进行选择。除了空格键外，还可以侦测以下按键：

· 4 个方向键 ↑、↓、←、→；

· 26 个字母键 a ~ z；

· 10 个数字键 0 ~ 9；

· 任意键。

**步骤 14** 实现了按住空格键不放才能用鼠标绘画后，还需要将这一功能模块反复执行，才能实现连续绘画的效果。

① 添加"控制"模块下的"重复执行"积木块

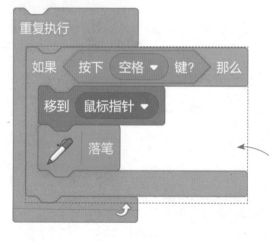

② 将此积木组镶嵌到"重复执行"积木块的空白处

**步骤 15** 游戏过程中并不是任何时候都允许绘画的，而是要等到"游戏介绍"角色隐藏后，才允许绘画。此时就要用到前面广播的"游戏开始"消息。

① 添加"事件"模块下的"当接收到（消息1）"积木块

② 将"消息1"更改为之前创建的"游戏开始"消息

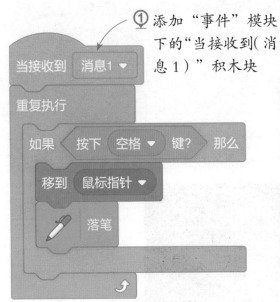

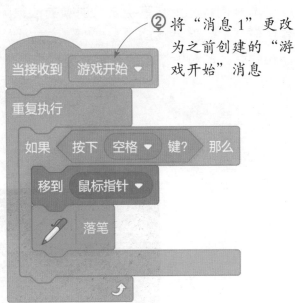

**步骤 16** 到这里，这个实例就制作完成了。单击▶按钮，运行脚本，玩一玩自己制作的游戏吧。

单击▶按钮

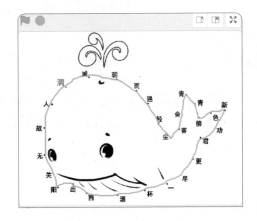

## 实例15　限次循环打造魔力画笔

　　本实例将运用画笔绘制出规则的抽象图案。在编写脚本时，主要结合运用"重复执行（　）次""移动（　）步""右转（　）度"积木块，让角色按照一定的规则移动和旋转，绘制出精美的图案效果。

**难度指数** ★★☆☆☆

**素材文件** 无

**程序文件** 实例文件 \04\ 源文件 \ 实例15：限次循环打造魔力画笔 .sb3

## 步骤详解

**步骤 01** 创建一个新的 Scratch 项目，删除初始角色，添加背景库中的 "Stars" 背景。

添加背景库中的
"Stars" 背景

**步骤 02** 通过"绘制"的方式，用"矩形"工具绘制"角色1"。将"变量"模块下的"我的变量"重命名为"步数"，然后为角色编写脚本，实现当按下键盘中的任意键时，从舞台中心开始绘制艺术化图形。

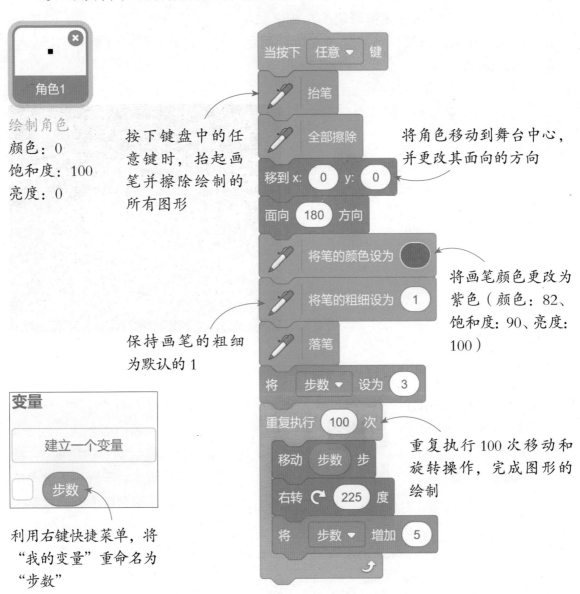

角色1

绘制角色
颜色：0
饱和度：100
亮度：0

按下键盘中的任意键时，抬起画笔并擦除绘制的所有图形

将角色移动到舞台中心，并更改其面向的方向

将画笔颜色更改为紫色（颜色：82、饱和度：90、亮度：100）

保持画笔的粗细为默认的1

重复执行100次移动和旋转操作，完成图形的绘制

**变量**

建立一个变量

步数

利用右键快捷菜单，将"我的变量"重命名为"步数"

## 实例16 运用公式绘制迷人玫瑰

本实例将应用画笔绘制一朵玫瑰。在编写脚本时，利用"画笔"扩展模块下的"将笔的粗细设为（）"积木块设置画笔的粗细，利用"运算"模块下的"（）/（）"和"（）-（）"积木块计算角色旋转的角度和面向的方向，最后通过重复执行的方式完成玫瑰图案的绘制。

| 难度指数 | ★★★★☆ |
| --- | --- |
| 素材文件 | 无 |
| 程序文件 | 实例文件 \04\ 源文件 \ 实例 16：运用公式绘制迷人玫瑰 .sb3 |

### 步骤详解

**步骤 01** 创建一个新的 Scratch 项目，删除初始角色，添加背景库中的"Stars"背景。

**步骤 02** 将"变量"模块下的"我的变量"重命名为"步数"。通过"绘制"的方式，用"矩形"工具绘制"角色 1"，然后为角色编写脚本，实现按下键盘中的任意键时，从舞台中心开始绘制图形。在绘制的过程中，运用公式计算角色旋转的角度和面向的方向，绘制出花朵形状的图形。

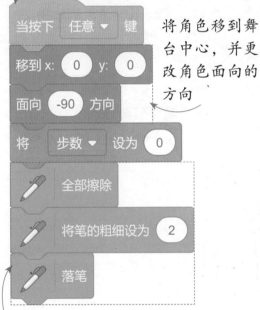

绘制角色
颜色：0
饱和度：100
亮度：0

角色1

按下任意键时运行脚本

当按下 任意▼ 键

移到 x: 0 y: 0

面向 -90 方向

将 步数▼ 设为 0

全部擦除

将笔的粗细设为 2

落笔

将角色移到舞台中心，并更改角色面向的方向

先擦除原有的图画，再设置画笔的粗细，最后落笔绘画

技巧提示：合并脚本

本页的两组脚本实际上可以上下拼接在一起，读者可以自己动手试一试。

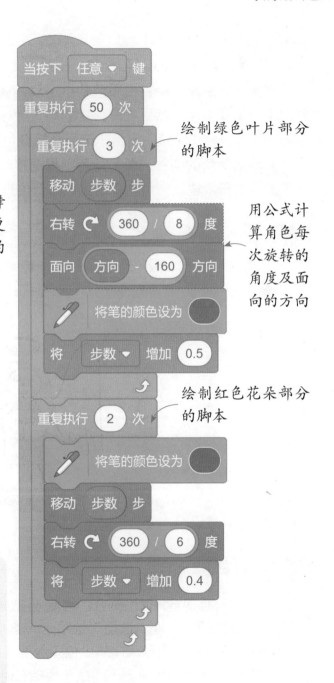

当按下 任意▼ 键

重复执行 50 次

重复执行 3 次

移动 步数 步

右转 360 / 8 度

面向 方向 - 160 方向

将笔的颜色设为

将 步数▼ 增加 0.5

重复执行 2 次

将笔的颜色设为

移动 步数 步

右转 360 / 6 度

将 步数▼ 增加 0.4

绘制绿色叶片部分的脚本

用公式计算角色每次旋转的角度及面向的方向

绘制红色花朵部分的脚本

## 实例17 自由绘画为图像着色

本实例要制作一个自由着色的小游戏，玩家用鼠标控制画笔移动，单击舞台底部的色块选择颜色，然后在舞台上的小天使线条图形中拖动鼠标进行涂抹着色。在游戏的制作过程中，绘制出用于选择画笔颜色的色块角色，并设置当角色被单击时，就广播相应颜色的消息；画笔角色则根据接收到的消息调整颜色，再结合侦测是否按下鼠标的积木块及将角色移到鼠标指针位置的积木块，实现画笔涂色的效果。

**难度指数** ★★★☆☆

**素材文件** 实例文件 \04\ 素材 \ 可爱天使 .svg

**程序文件** 实例文件 \04\ 源文件 \ 实例 17：自由绘画为图像着色 .sb3

## 步骤详解

**步骤 01** 创建一个新的 Scratch 项目，删除初始角色，添加角色库中的"Pencil"角色。在"造型"选项卡下选中"Pencil-b"造型，在绘图区移动铅笔图形，使笔尖位于绘图区的中心点处。为角色编写脚本，让角色在接收到不同颜色的消息时，对应更改画笔的颜色。

当接收到"粉红色"消息时，设置为颜色：
1、饱和度：15、亮度：100

当接收到"橘色"消息时，设置为颜色：
11、饱和度：80、亮度：100

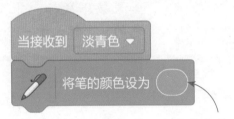

当接收到"淡青色"消息时，设置为颜色：
47、饱和度：92、亮度：82

当接收到"灰蓝色"消息时，设置为颜色：
45、饱和度：6、亮度：90

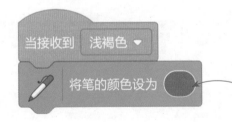

当接收到"浅褐色"消息时，设置为颜色：
7、饱和度：46、亮度：71

**步骤 02** 根据设置的画笔颜色，通过按下并移动鼠标的方式，在图形中需要填充相应颜色的位置自由涂抹，进行上色。

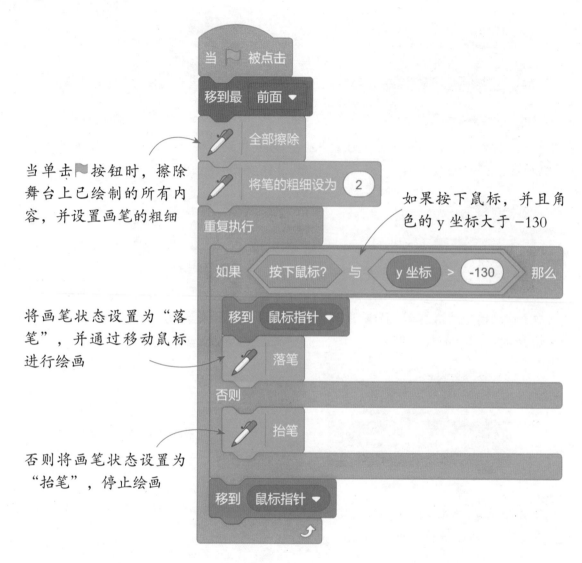

当单击▐按钮时，擦除舞台上已绘制的所有内容，并设置画笔的粗细

如果按下鼠标，并且角色的 y 坐标大于 −130

将画笔状态设置为"落笔"，并通过移动鼠标进行绘画

否则将画笔状态设置为"抬笔"，停止绘画

步骤 03 通过"绘制"的方式，用"矩形"工具绘制角色，将角色命名为"粉红色"，为角色编写脚本，实现当单击"粉红色"角色时，广播"粉红色"消息。

绘制角色
颜色：1
饱和度：15
亮度：100

当单击舞台上的"粉红色"角
色时，广播"粉红色"消息

**步骤 04** 通过"绘制"的方式，用"矩形"工具绘制角色，将角色命名为"橘色"，为角色编写脚本，实现当单击"橘色"角色时，广播"橘色"消息。

绘制角色
颜色：11
饱和度：80
亮度：100

当单击舞台上的"橘色"角
色时，广播"橘色"消息

**步骤 05** 通过"绘制"的方式，用"矩形"工具绘制角色，将角色命名为"淡青色"，为角色编写脚本，实现当单击"淡青色"角色时，广播"淡青色"消息。

绘制角色
颜色：47
饱和度：92
亮度：82

当单击舞台上的"淡青色"角
色时，广播"淡青色"消息

**步骤 06** 通过"绘制"的方式，用"矩形"工具绘制角色，将角色命名为"灰蓝色"，为角色编写脚本，实现当单击"灰蓝色"角色时，广播"灰蓝色"消息。

绘制角色
颜色：45
饱和度：6
亮度：90

当单击舞台上的"灰蓝色"角
色时，广播"灰蓝色"消息

步骤 **07** 通过"绘制"的方式，用"矩形"工具绘制角色，将角色命名为"浅褐色"，为角色编写脚本，实现当单击"浅褐色"角色时，广播"浅褐色"消息。

绘制角色
颜色：7
饱和度：46
亮度：71

当单击舞台上的"浅褐色"角色时，广播"浅褐色"消息

步骤 **08** 上传自定义的"可爱天使"背景，选中背景后，通过"绘制"的方式编辑背景的造型，利用"矩形"工具在天使图形下方绘制一个长条矩形。在舞台上将步骤 03 ～ 07 绘制的色块角色均匀摆放在长条矩形上。到这里，这个实例就制作完成了。

绘制图形
颜色：10
饱和度：100
亮度：80

# 5

## 让作品绘声绘色

在游戏和动画中，声音有时只是"配角"，起到营造气氛、烘托场景的作用。而本章要制作的游戏和动画则会让声音成为"主角"。我们将会"演奏"乐器，用麦克风"吹灭"生日蜡烛，还要让舞台上的卡通人物"开口说话"。

## 实例18　复制角色制作小小钢琴家

　　本实例将学习制作一个简单的钢琴弹奏互动小游戏。在游戏过程中，舞台上会显示一排钢琴琴键，玩家用鼠标单击琴键，就能弹奏出声音。在制作过程中，用"矩形"工具绘制出钢琴的琴键角色，利用"将（）特效设定为（）"积木块，使鼠标指针碰到琴键角色时，角色在外观上产生变化，再利用"演奏音符（）（）拍"积木块，指定单击每个琴键时要弹奏出的音符和节拍。

**难度指数** ★★★☆☆

**素材文件**　无

**程序文件**　实例文件 \05\ 源文件 \ 实例 18：复制角色制作小小钢琴家 .sb3

### 技术要点：指定演奏音符及节拍

　　应用"音乐"扩展模块下的"演奏音符（）（）拍"积木块，可以弹奏出 128 种音符（分别用 0 ～ 127 的整数表示），还能指定弹奏的节拍数。

　　添加"演奏音符（）（）拍"积木块后，若要更改弹奏的音符，需要单击积木块的第 1 个框，然后在弹出的琴键面板中单击来更改音符，如下左图所示；若要更改弹奏的节拍，则直接在积木块的第 2 个框中更改数值，如下右图所示。

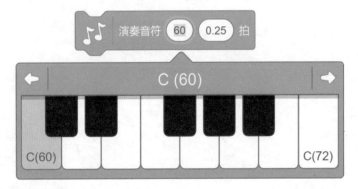

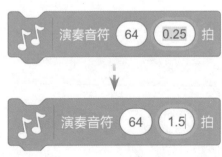

## ◎ 步骤详解

步骤 **01** 创建一个新的 Scratch 项目，添加背景库中的"Concert"背景。

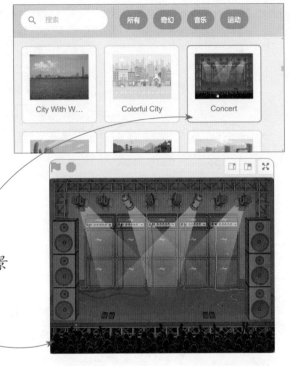

① 单击"选择一个背景"按钮 🖼

选择一个背景

② 在展开的背景库中选择"Concert"背景

③ 在舞台上显示选择的"Concert"背景

步骤 **02** 删除初始角色。通过"绘制"的方式，用"矩形"工具绘制出白色琴键。

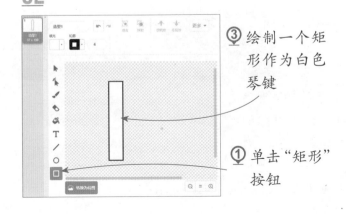

③ 绘制一个矩形作为白色琴键

① 单击"矩形"按钮

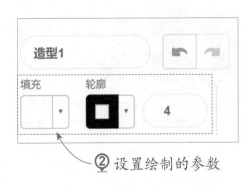

② 设置绘制的参数

步骤 **03** 将角色命名为"白键1"，然后把角色移到舞台中的适当位置。

步骤 **04** 开始编写改变琴键颜色的脚本，先设定脚本的执行方式。

① 添加"事件"模块下的"当▶被点击"积木块

② 添加"控制"模块下的"重复执行"积木块

步骤 **05** 侦测鼠标指针并进行判断：若鼠标指针碰到琴键，则改变琴键的颜色；若鼠标指针没有碰到琴键，则琴键的颜色不变。

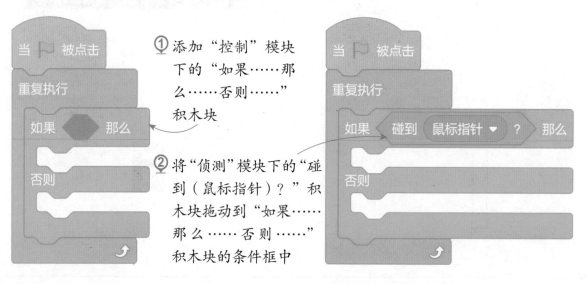

① 添加"控制"模块下的"如果……那么……否则……"积木块

② 将"侦测"模块下的"碰到（鼠标指针）？"积木块拖动到"如果……那么……否则……"积木块的条件框中

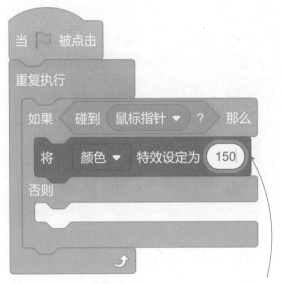

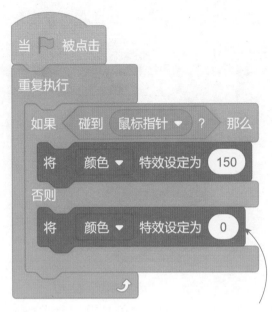

③ 添加"外观"模块下的"将（颜色）特效设定为（）"积木块，并更改框中的数值为 150

④ 添加"外观"模块下的"将（颜色）特效设定为（0）"积木块

**步骤 06** 单击 ▶ 按钮，运行当前脚本，然后将鼠标指针放在琴键上，可看到琴键的颜色会发生改变，移开鼠标指针后，琴键的颜色则会恢复到初始状态。

① 单击 ▶ 按钮　② 将鼠标指针移到此处　③ 移开鼠标指针

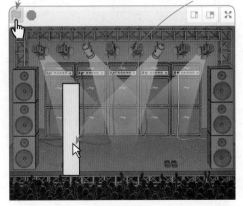

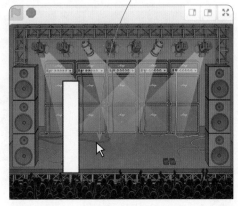

步骤 **07** 在模块分类区添加"音乐"扩展模块。

① 单击"添加扩展"按钮

② 选择"音乐"扩展模块

步骤 **08** 为"白键1"角色指定弹奏的音符及节拍。

① 添加"事件"模块
下的"当角色被点
击"积木块

② 添加"音乐"扩展模块下的"演
奏音符（）（）拍"积木块

③ 将"演奏音符（）（）拍"积木
块第2个框中的数值更改为1

步骤 **09** 选择并复制"白键1"角色，得到"白键2"角色。

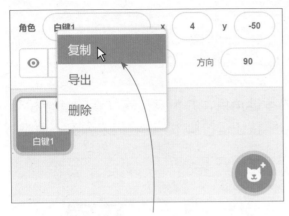

① 右击"白键1"角色，在弹出的
快捷菜单中单击"复制"命令

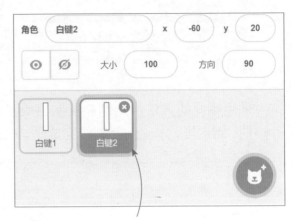

② 得到"白键2"角色

步骤 **10** 根据需要重新为"白键2"角色指定弹奏的音符及节拍。

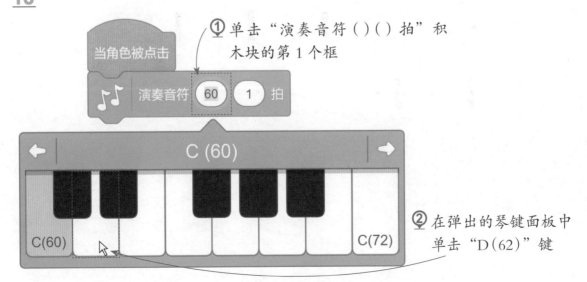

① 单击"演奏音符( )( )拍"积
木块的第1个框

② 在弹出的琴键面板中
单击"D(62)"键

③ 将弹奏的音符更改为 62

步骤
11
采用相同的方法，绘制并复制出更多的琴键角色，并为其指定弹奏的音符和节拍。到这里，本实例就制作完成了。单击 ▶ 按钮运行脚本，让我们来弹奏一曲吧。

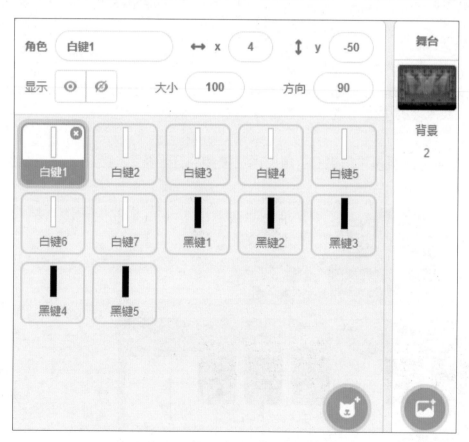

## 实例19  扩展音域实现36键钢琴弹奏

上一个实例中制作了比较简单的12键钢琴弹奏效果。为了弹奏出更精彩的音乐，本实例将制作36键钢琴的弹奏效果。制作方法和上一个实例是类似的，同样先绘制出钢琴上的白键和黑键，然后为绘制的琴键编写脚本，设定鼠标指针碰到琴键时琴键的颜色变化，并为琴键指定对应的音符和节拍，呈现从低音到高音的变化。

| 难度指数 | ★ ★ ☆ ☆ ☆ |
| --- | --- |
| 素材文件 | 无 |
| 程序文件 | 实例文件 \05\ 源文件 \ 实例19：扩展音域实现 36 键钢琴弹奏 .sb3 |

### 🎯 步骤详解

**步骤 01** 创建一个新的 Scratch 项目，添加背景库中的 "Concert" 背景，并删除初始角色。绘制 "白键 1" 角色并编写脚本。

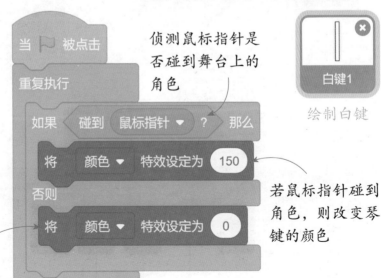

侦测鼠标指针是否碰到舞台上的角色

绘制白键

若鼠标指针碰到角色，则改变琴键的颜色

若鼠标指针未碰到角色，则琴键保持原来的颜色

当角色被点击

演奏音符 48 1 拍

指定单击角色时需要弹奏出的音符和节拍

**步骤 02** 绘制其他琴键并编写脚本。每个琴键的脚本都与"白键 1"角色的脚本相似，只需要修改"演奏音符（）（）拍"积木块中的音符和节拍即可。

绘制黑键

当 ▶ 被点击

重复执行

如果 碰到 鼠标指针 ▼ ？ 那么

将 颜色 ▼ 特效设定为 150

否则

将 颜色 ▼ 特效设定为 0

当角色被点击

演奏音符 49 1 拍

修改弹奏的音符和节拍

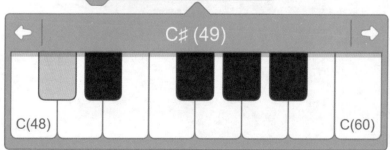

C# (49)

C(48)　　　　　　　　　　　　　　　　C(60)

## 实例20 自定义积木块自动演奏音乐

本实例将通过自定义积木块实现自动演奏音乐的效果。在制作的时候，先将自定义的"演奏者"角色添加到舞台中，然后利用"自制积木"模块分别定义"第一句""第二句""第三句""第四句"积木块，然后在积木块下分别设置每一句要演奏的音符和节拍，最后选择演奏乐器为电子琴，通过调用"第一句""第二句""第三句""第四句"积木块完成音乐的自动演奏。

**难度指数** ★★★★☆

**素材文件** 实例文件 \05\ 素材 \ 演奏者 .png

**程序文件** 实例文件 \05\ 源文件 \ 实例 20：自定义积木块自动演奏音乐 .sb3

## 步骤详解

步骤 **01** 创建一个新的 Scratch 项目,添加背景库中的"Spotlight"背景,并删除初始角色。

步骤 **02** 上传自定义的"演奏者"角色,在"自制积木"模块下单击"制作新的积木"按钮,定义要演奏的第一句,并设置演奏内容。

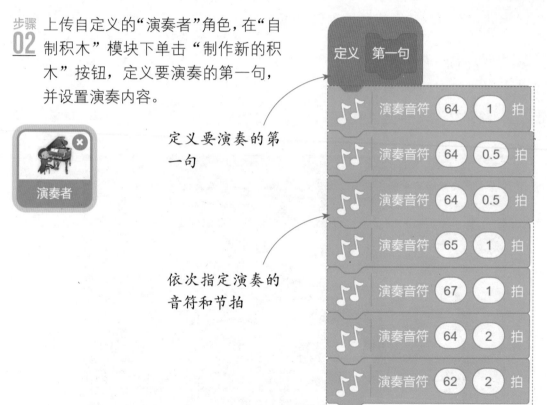

定义要演奏的第一句

依次指定演奏的音符和节拍

步骤 **03** 继续定义要演奏的第二句、第三句、第四句,并分别设置演奏内容。脚本的编写思路与第一句类似,只需要修改演奏的音符和节拍。

定义第二句要演奏的音符和节拍

定义第三句要演奏的音符和节拍

定义第四句要演奏的音符和节拍

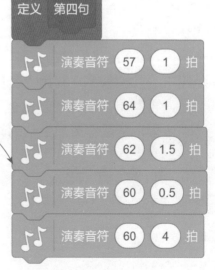

步骤 **04** 继续为"演奏者"角色编写脚本，实现当单击▶按钮时，调用前面自定义的 4 个积木块，依次演奏音乐。到这里，这个实例就制作完成了。

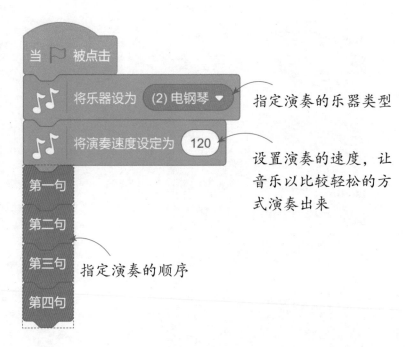

指定演奏的乐器类型

设置演奏的速度，让音乐以比较轻松的方式演奏出来

指定演奏的顺序

## 实例21 调用多种乐器自由演奏

本实例将制作一个自由演奏多种乐器的小游戏。在游戏过程中，舞台上摆放着几种打击乐器，玩家用鼠标单击一种乐器，乐器就会发出相应的声音。在制作的时候，添加角色库中的几种乐器，利用"击打（）（）拍"积木块，让乐器在被单击时发出对应的音色，再利用"换成（）造型"积木块，让乐器在被单击和未被单击时展示不同的外观造型，呈现出更加生动的舞台效果。

| 难度指数 | ★★★★☆ |
|---|---|
| 素材文件 | 无 |
| 程序文件 | 实例文件 \05\ 源文件 \ 实例 21：调用多种乐器自由演奏 .sb3 |

## 🎯 步骤详解

<table>
<tr>
<td>

步骤
**01**

</td>
<td>

创建一个新的 Scratch 项目，添加背景库中的 "Boardwalk" 背景。

</td>
<td>

</td>
</tr>
</table>

步骤 **02**　删除初始角色，添加角色库中的 "Drum-cymbal" 角色，为角色编写脚本，实现当角色被单击时，发出类似开击踩镲的声音，并相应切换角色的造型。

将角色的音色设置为开击踩镲

单击角色时，切换舞台中显示的角色造型

切换为击打时的造型

步骤 **03** 添加"Drum Kit"角色，为角色编写脚本，实现当角色被单击时，发出类似击打低音鼓的声音，并相应切换角色的造型。

Drum Kit

将角色的音色设置为低音鼓

当角色被点击

换成 drum-kit-b ▼ 造型

♪ 击打 (2) 低音鼓 ▼ 0.5 拍

换成 drum-kit ▼ 造型

切换为击打时的造型

步骤 **04** 添加"Drum-highhat"角色，为角色编写脚本，实现当角色被单击时，发出类似闭击踩镲的声音，并相应切换角色的造型。

Drum-hig...

将角色的音色设置为闭击踩镲

当角色被点击

换成 drum-highhat-b ▼ 造型

♪ 击打 (6) 闭击踩镲 ▼ 0.5 拍

换成 drum-highhat-a ▼ 造型

切换为击打时的造型

步骤 **05** 添加"Drum-snare"角色，为角色编写脚本，实现当角色被单击时，发出类似击打小军鼓的声音，并相应切换角色的造型。

Drum-sn...

将角色的音色设置为小军鼓

当角色被点击

换成 drum-snare-b ▼ 造型

♪ 击打 (1) 小军鼓 ▼ 0.5 拍

换成 drum-snare-a ▼ 造型

切换为击打时的造型

步骤 **06** 添加"Drums Conga"角色，为角色编写脚本，实现当角色被单击时，发出类似击打康加鼓的声音，并相应切换角色的造型。

将角色的音色设置为康加鼓

切换为击打时的造型

步骤 **07** 添加"Drums Tabla"角色，为角色编写脚本，实现当角色被单击时，发出类似击打邦戈鼓的声音，并相应切换角色的造型。

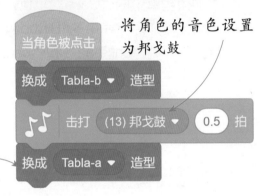

将角色的音色设置为邦戈鼓

切换为击打时的造型

## 实例22 用麦克风响度吹灭生日蜡烛

　　本实例将制作一个模拟吹蜡烛的小游戏：舞台上显示一个生日蛋糕，上面插着点燃的蜡烛，玩家对着连接在计算机上的麦克风吹气，吹得越响，蛋糕上的蜡烛就熄灭得越多。在制作的过程中，主要利用不同的角色造型表现吹灭不同数量蜡烛的效果，利用"当（响度）>（）"积木块让角色在不同的响度下呈现不同的造型。

**难度指数** ★★★☆☆

**素材文件** 无

**程序文件** 实例文件 \05\ 源文件 \ 实例 22：用麦克风响度吹灭生日蜡烛 .sb3

## 🎯 步骤详解

步骤
01
创建一个新的 Scratch 项目，添加背景库中的 "Hearts"
背景，删除初始角色。

步骤
02
添加角色库中的 "Cake" 角色，调整角色的位置和大小。在 "声音" 选项卡下
为角色添加声音库中的"Birthday"声音。在"造型"选项卡下选中并复制"cake-a"
造型，得到 "cake-a2" 和 "cake-a3" 造型，再分别更改造型名称。

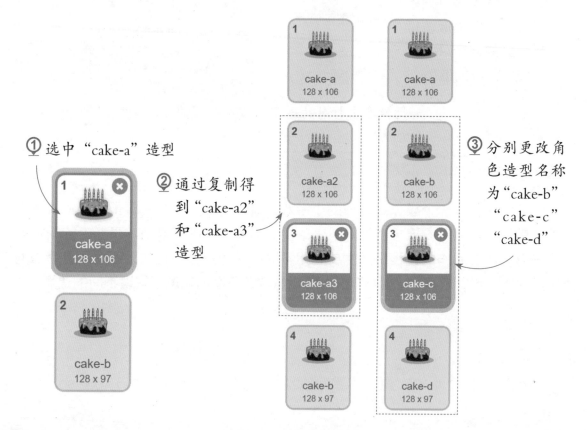

① 选中 "cake-a" 造型

② 通过复制得到 "cake-a2" 和"cake-a3" 造型

③ 分别更改角色造型名称为"cake-b""cake-c""cake-d"

**步骤 03** 选中"Cake-b"造型，使用"选择"工具选中第 1 支蜡烛的火焰部分，按 Delete 键删除，保留 4 支燃烧的蜡烛；选中"Cake-c"造型，使用"选择"工具选中第 1～3 支蜡烛的火焰部分，按 Delete 键删除，保留 2 支燃烧的蜡烛。

**步骤 04** 为"Cake"角色编写脚本。当响度大于 40 时，显示为吹灭 1 支蜡烛的效果；当响度大于 55 时，显示为吹灭 3 支蜡烛的效果；当响度大于 70 时，显示为吹灭全部蜡烛的效果，并播放音乐。

单击 🚩 按钮时显示"cake-a"造型

响度大于 40 时，切换为"cake-b"造型

响度大于 55 时，切换为"cake-c"造型

响度大于 70 时，切换为"cake-d"造型

广播"生日快乐"消息

步骤 **05** 通过"绘制"的方式创建"生日快乐"角色，在"造型"选项卡下用"文本"工具输入文字"生日快乐!"。为角色编写脚本，实现当单击 ▶ 按钮时，隐藏角色；当接收到"生日快乐"消息时，显示角色并变换颜色。

创建角色，
输入文字"生
日快乐!"

单击 ▶ 按钮时隐藏
"生日快乐"角色

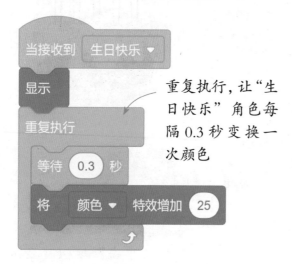

重复执行，让"生
日快乐"角色每
隔 0.3 秒变换一
次颜色

生日快乐!

## 实例23　通过朗读打造精灵与巫师的对话

本实例要制作一个英语情景小对话的动画。在制作时，利用"文字朗读"扩展模块下的"使用（）嗓音"积木块设置朗读时的嗓音是尖细还是低沉，再利用"文字朗读"扩展模块下的"朗读（）"积木块让角色用电子合成语音朗读指定内容，最后利用"外观"模块下的"说（）（）秒"积木块在舞台上显示朗读内容的文字。

| 难度指数 | ★ ★ ★ ☆ ☆ |
|---|---|
| 素材文件 | 无 |
| 程序文件 | 实例文件 \05\ 源文件 \ 实例 23：通过朗读打造精灵与巫师的对话 .sb3 |

🎯 **步骤详解**

**步骤 01** 创建一个新的 Scratch 项目，删除初始角色，添加角色库中的 "Fairy" 角色，为角色编写脚本。

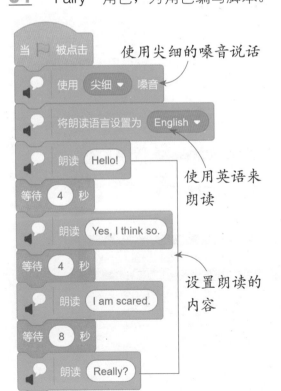

使用尖细的嗓音说话

使用英语来朗读

设置朗读的内容

在舞台上显示朗读的文本

步骤 02 添加角色库中的"Wizard"角色，为角色编写脚本。

Wizard

当 🏳 被点击

使用低沉的嗓音说话

使用 巨人 ▾ 嗓音

将朗读语言设置为 English ▾

使用英语来朗读

等待 1.5 秒

设置朗读的内容

朗读 Hello! Are you lost?

等待 4.5 秒

朗读 Take it easy!

等待 4 秒

朗读 Don't be afraid. I think I can help you.

等待 3.5 秒

朗读 Would you like to come to my house for a rest first?

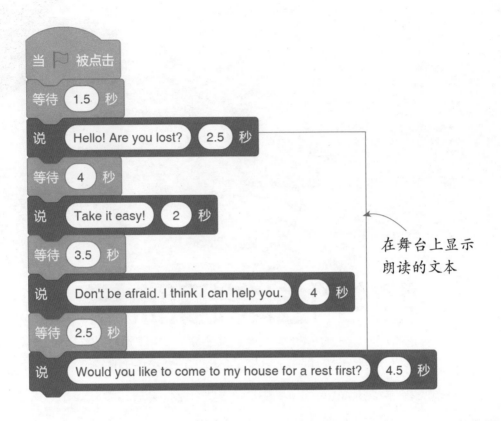

在舞台上显示
朗读的文本

步骤 **03** 添加背景库中的"Castle 2"背景，作为精灵和巫师的对话背景。到这里，这个实例就制作完成了。单击 ▶ 按钮，就能看到对话效果。

Castle 2
480 x 360

# 数学也能趣味学

编程少不了用到各种与数学相关的运算。Scratch的"运算"模块提供了多种运算积木块，将这些积木块与"变量"模块相结合，可以完成常见的数学运算。本章就来制作一些需要用到数学运算的游戏和动画，让抽象、枯燥的数学变得直观、有趣。

## 实例24 加法运算制作蜗牛快快跑

本实例要制作的是一个考验心算速度的小游戏。在游戏过程中，舞台上有两只蜗牛在赛跑，第一只蜗牛由计算机控制，每秒自动向前移动 30 ～ 40 步，第二只蜗牛则由玩家通过回答加法题来控制，若答对则向前移动 40 步，若答错则不移动。想要让第二只蜗牛获胜，玩家就必须又快又准地回答问题。在制作过程中主要用到"运算"模块下产生随机数的积木块、连接字符串的积木块、完成加法运算的积木块、完成比较运算的积木块，并会在"变量"模块下创建变量用于存储数值。

**难度指数** ★★★★☆

**素材文件** 实例文件 \06\ 素材 \ 背景 .png、跑道 .png、蜗牛 1.png、蜗牛 2.png、游戏标题 .png、游戏介绍 .png、终点线 .png

**程序文件** 实例文件 \06\ 源文件 \ 实例 24：加法运算制作蜗牛快快跑 .sb3

## 🎯 技术要点 01：四则运算

只要是编程就会涉及数值运算和逻辑运算，Scratch 也不例外，其中最基本的就是四则运算。Scratch 的"运算"模块包含用于完成加、减、乘、除四则运算的 4 个积木块，如下图所示。在这些积木块的两个框中输入数值，就能计算出结果。框中可以输入整数或小数，但是无法输入英文字母、汉字等非数值的字符。

四则运算积木块会生成一个数值，因此，它们可以与能接受数值参数的积木块结合起来使用。例如，先为角色添加"说（你好！）"积木块，再将四则运算积木块放到"说（你好！）"积木块的框中，并输入要计算的数值，运行脚本，角色就会说出相应的计算结果，如下图所示。

## 🎯 技术要点 02：创建变量

变量是编程中非常重要的一个概念。简单来说，变量就像一个盒子，我们可以为这个盒子设置名称，并向里面放置东西。在编写脚本时，可以根据盒子的名称找到盒子，并取出盒子中的东西来使用，还可以更换盒子中放置的东西。

在 Scratch 中创建变量的方法很简单：在"变量"模块下单击"建立一个变量"按钮，如下左图所示，在弹出的"新建变量"对话框中输入变量名称，然后单击"确定"按钮，如下右图所示，即可创建变量。

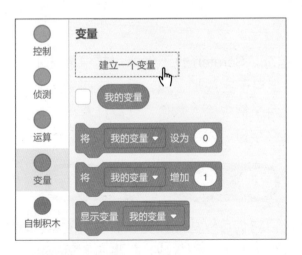 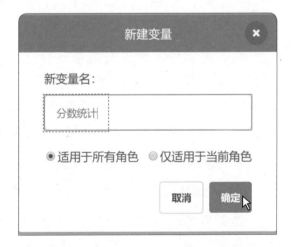

创建的变量会以积木块的形式显示在积木块选择区中，如下左图所示；同时会在舞台左上角显示变量的名称和值，如下右图所示。可在舞台上拖动变量来调整显示位置。如果不需要在舞台上显示变量，则在积木块选择区中取消勾选变量即可。

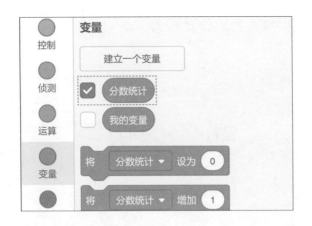

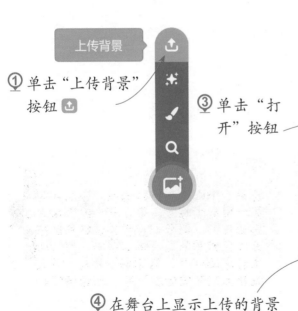

## 步骤详解

步骤 01 创建一个新的 Scratch 项目，上传自定义的"背景"图像。

① 单击"上传背景"按钮 🔼

② 选中"背景"

③ 单击"打开"按钮

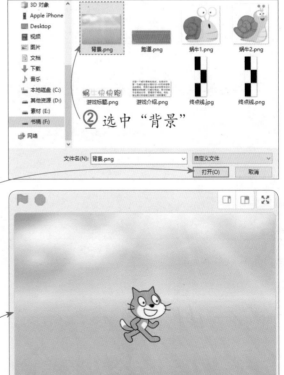

④ 在舞台上显示上传的背景

**步骤 02** 上传自定义的"游戏标题"角色，适当调整角色的位置和大小。

① 单击"上传角色"按钮 ，
上传"游戏标题"角色

② 设置角色参数

**步骤 03** 上传其余自定义角色，并适当修改角色的大小、位置及排列层次。

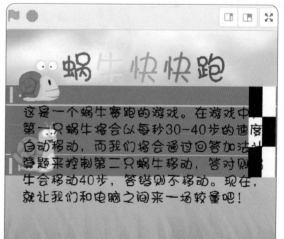

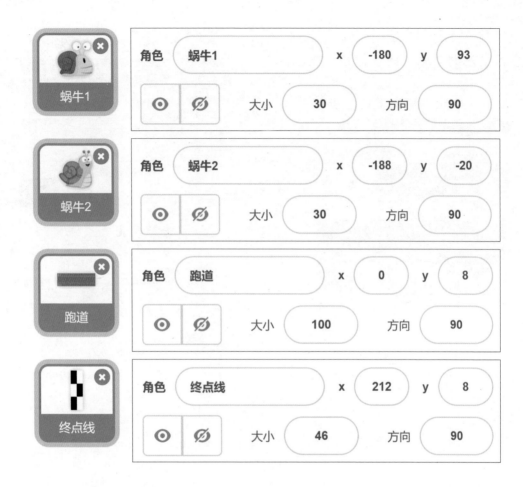

| 角色 | 蜗牛1 | x | -180 | y | 93 |
| 大小 | 30 | 方向 | 90 |

| 角色 | 蜗牛2 | x | -188 | y | -20 |
| 大小 | 30 | 方向 | 90 |

| 角色 | 跑道 | x | 0 | y | 8 |
| 大小 | 100 | 方向 | 90 |

| 角色 | 终点线 | x | 212 | y | 8 |
| 大小 | 46 | 方向 | 90 |

步骤 **04** 选中"游戏标题"角色，为角色编写脚本，实现在游戏启动时显示此角色。

① 添加"事件"模块下的"当▐▌被点击"积木块

② 添加"外观"模块下的"显示"积木块

步骤 **05** 创建"游戏开始"消息，当接收到该消息时隐藏"游戏标题"角色。

① 添加"事件"模块下的"当接收到（消息1）"积木块

③ 输入新消息名称为"游戏开始"

④ 单击"确定"按钮

② 单击"消息1"右侧的下拉按钮，在展开的列表中选择"新消息"选项

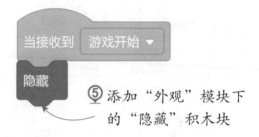

⑤ 添加"外观"模块下的"隐藏"积木块

步骤 **06** 选中"游戏介绍"角色，为角色编写脚本，实现在游戏启动时显示此角色，并等待 5 秒。

① 添加"事件"模块下的"当▐被点击"积木块

② 添加"外观"模块下的"显示"积木块

③ 添加"控制"模块下的"等待（ ）秒"积木块，将框中的数值更改为5

**步骤 07** 等待 5 秒后，广播"游戏开始"的消息，并隐藏"游戏介绍"角色。

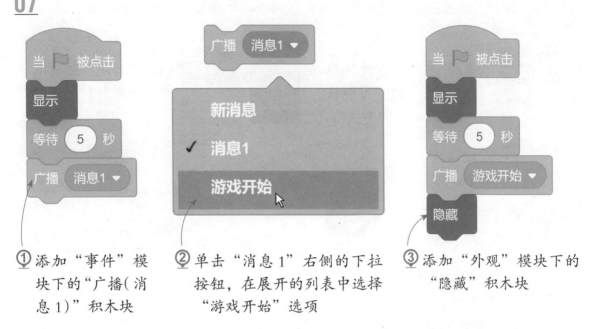

① 添加"事件"模块下的"广播(消息1)"积木块

② 单击"消息1"右侧的下拉按钮，在展开的列表中选择"游戏开始"选项

③ 添加"外观"模块下的"隐藏"积木块

**步骤 08** 单击▶按钮，运行当前脚本，可以看到舞台上会显示"游戏标题"和"游戏介绍"角色，5 秒后，它们就会被隐藏起来。

单击▶按钮

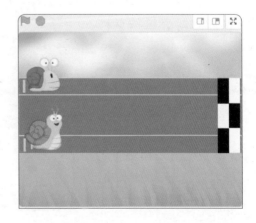

步骤 **09** 选中"蜗牛 1"角色，为角色编写脚本，实现在游戏刚启动时，将该角色隐藏起来，当接收到"游戏开始"的消息时再显示角色，并将其移动到起跑线处。

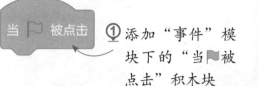

① 添加"事件"模块下的"当▇被点击"积木块

② 添加"外观"模块下的"隐藏"积木块

④ 添加"外观"模块下的"显示"积木块

⑤ 添加"运动"模块下的"移到 x:(−180) y:(93)"积木块

③ 添加"事件"模块下的"当接收到（消息 1）"积木块，并选择"游戏开始"消息

步骤 **10** 让"蜗牛 1"角色先在起跑线处等待 2 秒。

① 添加"控制"模块下的"重复执行"积木块

② 添加"控制"模块下的"等待（）秒"积木块，更改框中的数值为 2

步骤 11　在等待 2 秒后，让"蜗牛 1"角色以每秒 30 ～ 40 步的速度向舞台右侧移动。

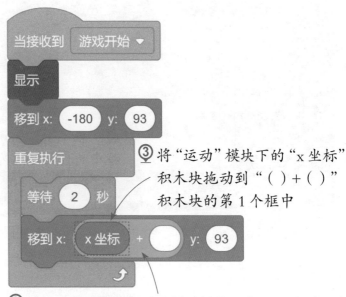

① 添加"运动"模块下的"移到 x:（-180）y:（93）"积木块

② 将"运算"模块下的"( )+( )"积木块拖动到"移到 x:（-180）y:（93）"积木块的第 1 个框中

③ 将"运动"模块下的"x 坐标"积木块拖动到"( )+( )"积木块的第 1 个框中

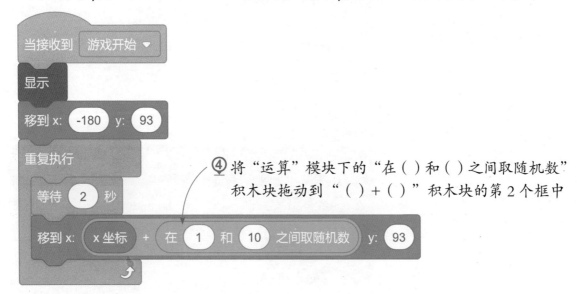

④ 将"运算"模块下的"在（ ）和（ ）之间取随机数"积木块拖动到"（ ）+（ ）"积木块的第 2 个框中

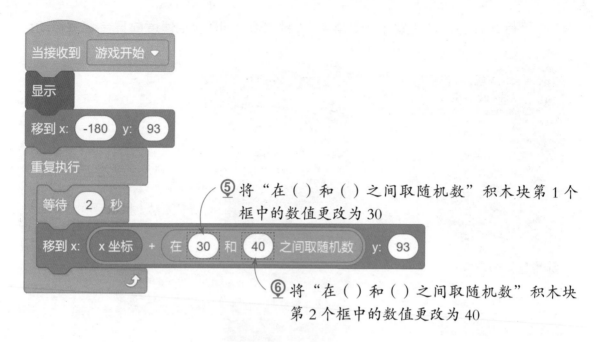

⑤ 将"在（ ）和（ ）之间取随机数"积木块第 1 个框中的数值更改为 30

⑥ 将"在（ ）和（ ）之间取随机数"积木块第 2 个框中的数值更改为 40

**步骤 12** 当"蜗牛 1"角色往舞台右侧移动并碰到"终点线"角色时，说出"你输了"。

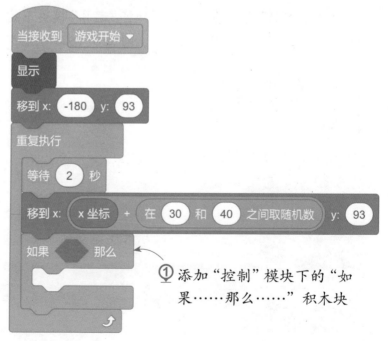

① 添加"控制"模块下的"如果……那么……"积木块

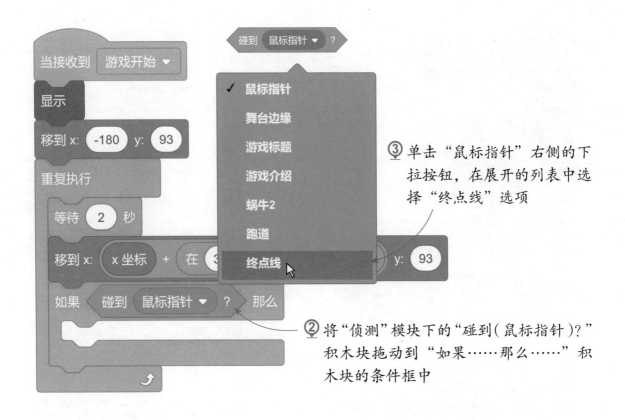

③ 单击"鼠标指针"右侧的下拉按钮，在展开的列表中选择"终点线"选项

② 将"侦测"模块下的"碰到（鼠标指针）？"积木块拖动到"如果……那么……"积木块的条件框中

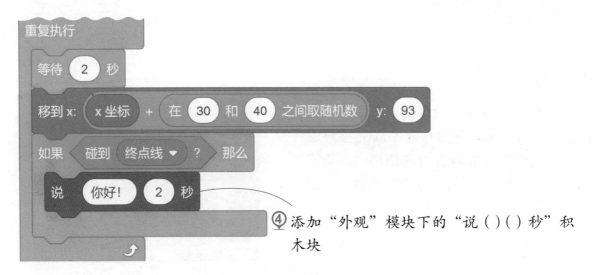

④ 添加"外观"模块下的"说（）（）秒"积木块

⑤ 将"说（）（）秒"积木块第 1 个框中的
文字更改为"你输了"

⑥ 将"说（）（）秒"积木块第 2 个框中的
数值更改为 1.5

步骤
**13** 单击 🏳 按钮，运行当前脚本，可以
看到在游戏介绍画面消失后，"蜗
牛 1"角色开始从起跑线处按设置
的随机步数向舞台右侧移动，当它
碰到"终点线"角色时，会说出"你
输了"。

步骤 **14** 为"蜗牛2"角色编写脚本，与"蜗牛1"角色的脚本相似，不同的是"蜗牛2"角色的移动是通过回答问题来实现的，因此，当角色接收到"移动"的消息时，从当前的x坐标值向右移动40步，直到碰到"终点线"角色。

① 添加"外观"模块下的"隐藏"积木块，在游戏开始前隐藏角色

④ 当接收到"移动"的消息时，从当前的x坐标值向右移动40步

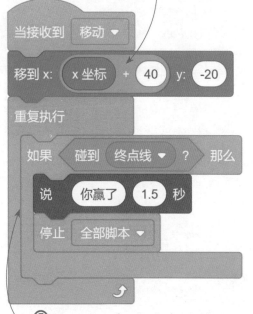

② 当接收到"游戏开始"的消息时，显示角色

③ 将角色移动到起跑线处

⑤ 如果"蜗牛2"角色碰到"终点线"角色，说出"你赢了"

步骤 **15** 为"跑道"和"终点线"角色编写脚本。

在游戏开始前隐藏"跑道"角色

当接收到"游戏开始"的消息时，显示"跑道"角色

157

在游戏开始前隐藏"终点线"角色

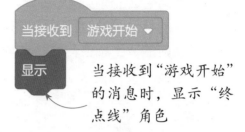

当接收到"游戏开始"的消息时，显示"终点线"角色

**步骤 16** 游戏启动时，将舞台背景切换为默认的纯白色"背景1"。

① 单击"背景"

② 添加"事件"模块下的"当▶被点击"积木块

③ 添加"外观"模块下的"换成（背景1）背景"积木块

**步骤 17** 当接收到"游戏开始"的消息时，切换到上传的"背景2"背景。

① 添加"事件"模块下的"当接收到（游戏开始）"积木块

② 添加"外观"模块下的"换成（背景1）背景"积木块

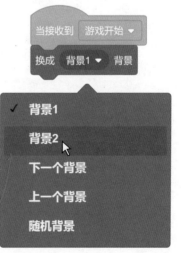

③ 单击"背景1"右侧的下拉按钮，在展开的列表中选择"背景2"选项

**步骤 18** 创建"数字 1"和"数字 2"变量，分别用于存储加法算式中的两个加数。

① 单击"建立一个变量"按钮

建立一个变量

我的变量

将 我的变量 ▼ 设为 0

新建变量 ✕

新变量名：

数字1

所有角色都可使用该变量。

取消 确定

② 输入变量名为"数字 1"

③ 单击"建立一个变量"按钮

建立一个变量

我的变量

✓ 数字1

新建变量 ✕

新变量名：

数字2

所有角色都可使用该变量。

取消 确定

④ 输入变量名为"数字 2"

建立一个变量

☐ 数字1

☐ 数字2

⑤ 取消勾选变量前的复选框，不在舞台上显示变量

**步骤 19** 设置加法算式中第一个数的范围为 0～20 之间的随机数。

① 添加"控制"模块下的"重复执行"积木块

② 添加"变量"模块下的"将（数字 1）设为（）"积木块

当接收到 游戏开始 ▼

换成 背景2 ▼ 背景

重复执行

当接收到 游戏开始 ▼

换成 背景2 ▼ 背景

重复执行

将 数字1 ▼ 设为 0

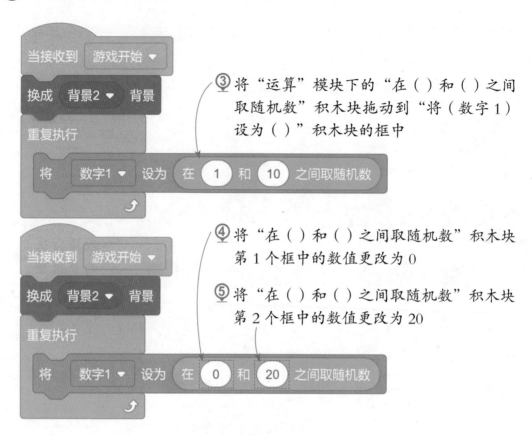

③ 将"运算"模块下的"在（ ）和（ ）之间
取随机数"积木块拖动到"将（数字1）
设为（ ）"积木块的框中

④ 将"在（ ）和（ ）之间取随机数"积木块
第1个框中的数值更改为0

⑤ 将"在（ ）和（ ）之间取随机数"积木块
第2个框中的数值更改为20

**步骤 20** 设置加法算式中第二个数的范围为0～20之间的随机数。

① 添加"变量"模块下的"将（数字1）设为（ ）"积木块

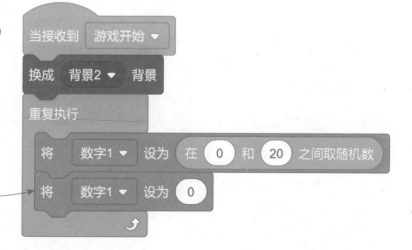

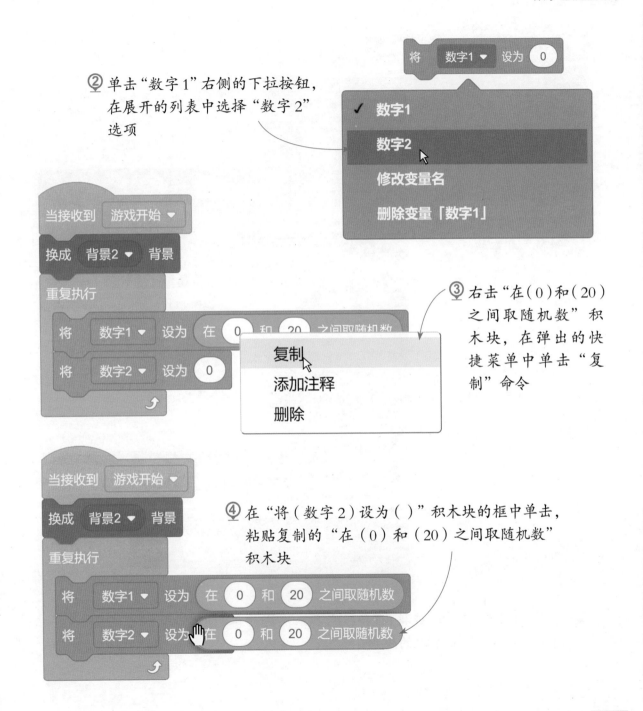

② 单击"数字1"右侧的下拉按钮，在展开的列表中选择"数字2"选项

将 数字1 ▼ 设为 0

✓ 数字1
数字2
修改变量名
删除变量「数字1」

当接收到 游戏开始 ▼
换成 背景2 ▼ 背景
重复执行
　将 数字1 ▼ 设为 在 0 和 20 之间取随机数
　将 数字2 ▼ 设为 0

复制
添加注释
删除

③ 右击"在（0）和（20）之间取随机数"积木块，在弹出的快捷菜单中单击"复制"命令

当接收到 游戏开始 ▼
换成 背景2 ▼ 背景
重复执行
　将 数字1 ▼ 设为 在 0 和 20 之间取随机数
　将 数字2 ▼ 设为 在 0 和 20 之间取随机数

④ 在"将（数字2）设为（ ）"积木块的框中单击，粘贴复制的"在（0）和（20）之间取随机数"积木块

步骤 **21** 通过询问的方式显示完整的加法算式，并等待玩家输入答案。

① 添加"侦测"模块下的"询问（）并等待"积木块

② 将"运算"模块下的"连接（）和（）"积木块拖动到"询问（）并等待"积木块的框中

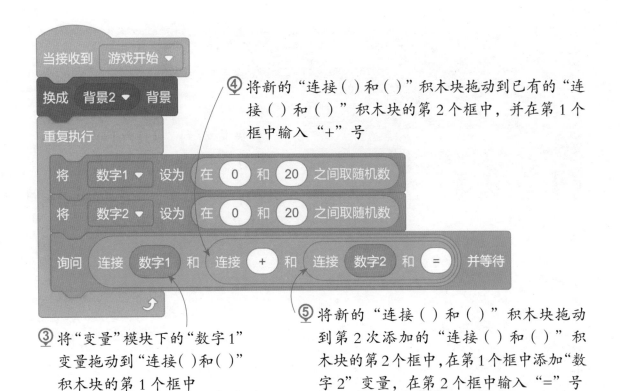

④ 将新的"连接（）和（）"积木块拖动到已有的"连接（）和（）"积木块的第2个框中，并在第1个框中输入"+"号

③ 将"变量"模块下的"数字1"变量拖动到"连接（）和（）"积木块的第1个框中

⑤ 将新的"连接（）和（）"积木块拖动到第2次添加的"连接（）和（）"积木块的第2个框中，在第1个框中添加"数字2"变量，在第2个框中输入"="号

步骤 **22** 将"数字1"和"数字2"相加，算出加法算式的答案。

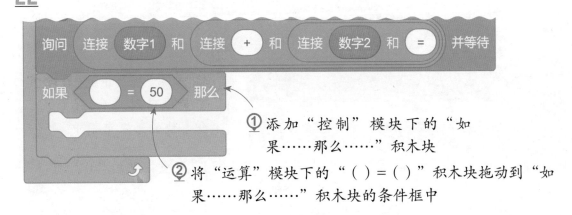

① 添加"控制"模块下的"如果……那么……"积木块

② 将"运算"模块下的"（）=（）"积木块拖动到"如果……那么……"积木块的条件框中

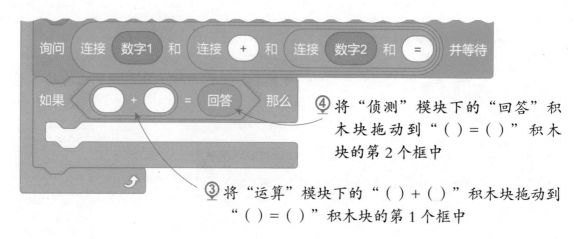

④ 将"侦测"模块下的"回答"积木块拖动到"( ) = ( )"积木块的第 2 个框中

③ 将"运算"模块下的"( ) + ( )"积木块拖动到"( ) = ( )"积木块的第 1 个框中

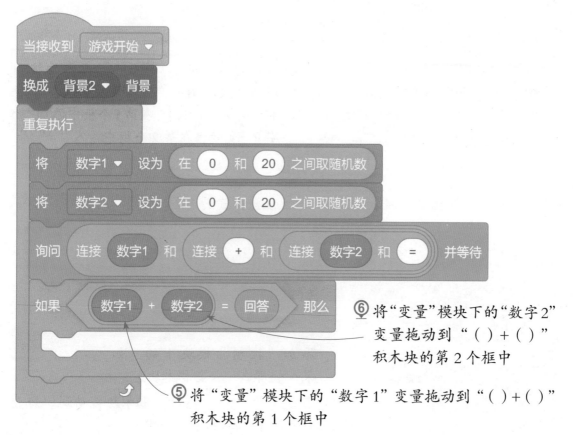

⑥ 将"变量"模块下的"数字 2"变量拖动到"( ) + ( )"积木块的第 2 个框中

⑤ 将"变量"模块下的"数字 1"变量拖动到"( ) + ( )"积木块的第 1 个框中

**步骤 23** 如果玩家输入的答案正确，则广播"移动"的消息，让"蜗牛2"角色向舞台右侧移动指定步数。

① 添加"事件"模块下的"广播（移动）"积木块

② 添加"控制"模块下的"等待（）秒"积木块，将框中的数值更改为0.1

步骤 **24** 到这里，这个实例就制作完成了。单击▶按钮，运行脚本，测一测自己的心算速度吧。

单击▶按钮

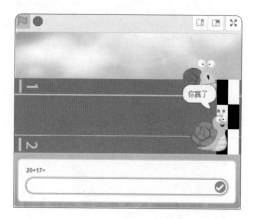

## 实例25 巧用计算制作时钟动画

本实例要制作一个时钟动画，在舞台上显示一个时钟，它的指针会跟随计算机系统的当前时间转动，实时指示出当前时间。时钟通常有时针、分针、秒针 3 根指针，本实例先制作时针和分针，下一个实例再制作秒针。在制作过程中，应用"造型"选项卡下的"圆""矩形""文本"等工具绘制出"表盘""时针""分针"角色，利用"侦测"模块下的积木块获取当前时间，再利用"运算"模块下的积木块计算出时针和分针旋转的角度，实现实时的时间展示。

**难度指数** ★★★☆☆

**素材文件** 无

**程序文件** 实例文件 \06\ 源文件 \ 实例 25：巧用计算制作时钟动画 .sb3

## 🎯 技术要点：造型绘制

　　Scratch 提供的绘图功能让我们可以自己绘制角色的造型，让角色在舞台上呈现出更加丰富的效果。造型的绘制是在"造型"选项卡下使用绘图工具进行的，如下图所示。

## 步骤详解

**步骤 01** 创建一个新的 Scratch 项目，删除初始角色，开始绘制"表盘"角色。绘制时注意尽量让圆形的圆心与绘图区的中心点重合。

① 将鼠标指针指向"选择一个角色"按钮，在展开的列表中单击"绘制"按钮

绘制

③ 设置填充颜色：0、饱和度：0、亮度：100，
设置轮廓颜色：0、饱和度：0、亮度：36，
输入轮廓粗细：20

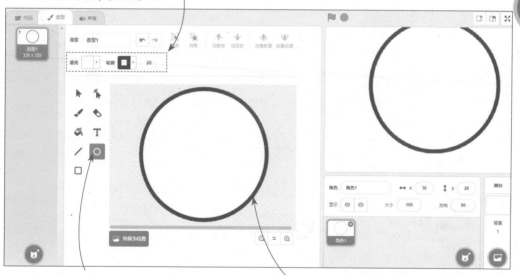

② 单击工具箱中的"圆"工具

④ 按住 Shift 键，在画布中单击并拖动，绘制圆形

**步骤 02** 在角色区更改角色名称为"表盘"，将"表盘"角色移到舞台中央。

设置角色名称和位置参数

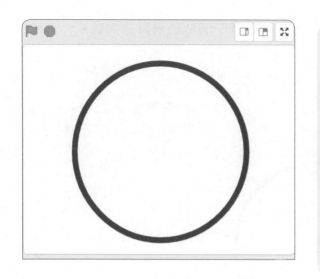

技巧提示：调整绘制的图形

使用"圆""矩形""线段"等工具绘制图形后，如果对图形的大小或位置不满意，可以单击工具栏中的"选择"按钮，选中"选择"工具，然后单击画布中的图形将其选中，再通过单击并拖动的方式调整图形的大小、位置等。

**步骤 03** 继续为"表盘"角色绘制中心点，更改填充颜色，并去除轮廓线。

② 设置颜色：0、饱和度：0、亮度：17，输入轮廓粗细：0

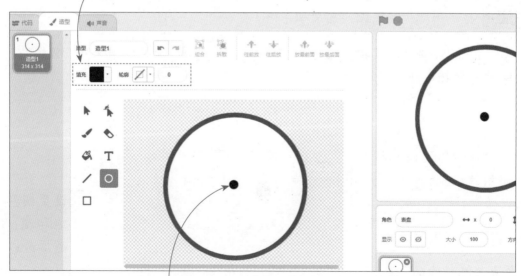

① 按住 Shift 键，在已绘制的大圆的中心绘制一个小圆

步骤 **04** 在大圆中的适当位置输入对应的刻度数字，将数字的颜色设置为黑色。

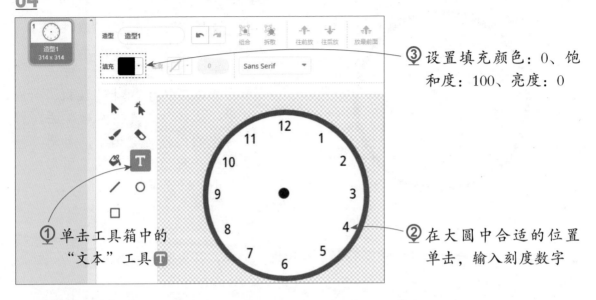

③ 设置填充颜色：0、饱和度：100、亮度：0

① 单击工具箱中的"文本"工具 T

② 在大圆中合适的位置单击，输入刻度数字

技巧提示：调整输入的文字

使用"文本"工具输入文字后，可以使用"选择"工具选中文字，以移动、缩放和旋转文字。

步骤 **05** 用"矩形"工具绘制新角色。

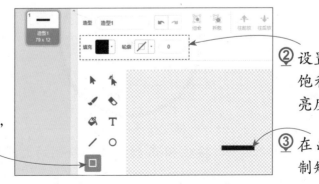

② 设置颜色：0、饱和度：0、亮度：17

① 单击工具箱中的"矩形"工具 ▢

③ 在画布中绘制矩形

**步骤 06** 将角色命名为"时针",再调整"时针"角色的位置,使其在舞台上看起来就像是被固定在表盘上。

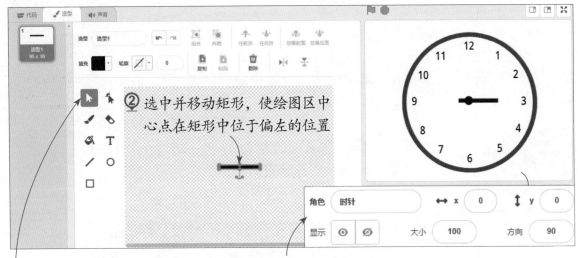

① 单击工具箱中的"选择"工具 ▶
③ 输入角色名为"时针",输入 x 和 y 均为 0

**步骤 07** 参照"时针"角色的绘制方法,绘制出"分针"角色,并调整角色的中心点位置和角色在舞台上的位置。

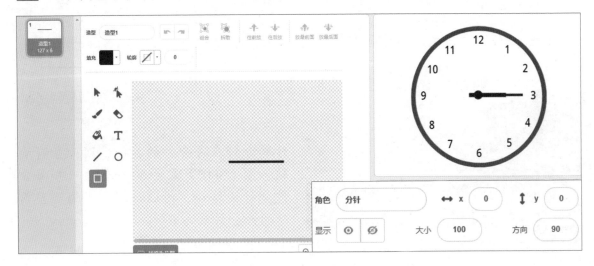

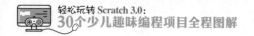

步骤 **08** 添加背景库中的"Blue Sky 2"纯色背景。

Blue Sky 2
482 x 362

步骤 **09** 选中"时针"角色，通过编写脚本，计算出时针的指向。

计算时针在整点时的指向，计算公式为：当前时间的小时数 ×30

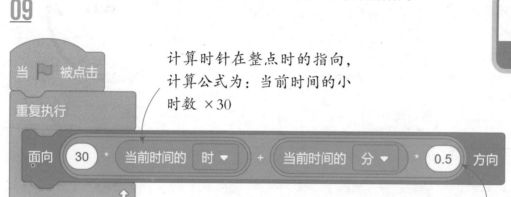

时针

计算时针在每分钟的指向，因为时针旋转一圈（360°）需要 12 小时 ×60 分钟 =720 分钟，可知每分钟时针旋转 0.5°，所以计算公式为：当前时间的分钟数 ×0.5

步骤 **10** 选中"分针"角色，通过编写脚本，计算出分针的指向。

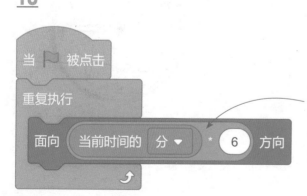

分针

计算分针在每分钟的指向，因为分针旋转一圈（360°）需要 60 分钟，可知每分钟分针旋转 6°，所以计算公式为：当前时间的分钟数 ×6

## 实例26　通过计算为时钟添加秒针

在上一个实例中，我们已经制作出一个拥有时针和分针的时钟动画。本实例将在上一个实例的基础上继续操作，为时钟添加秒针，让时钟更加逼真。秒针同样通过绘制角色的方式制作，并利用"运算"模块下的积木块计算出秒针的指向。

| 难度指数 | ★★☆☆☆ |
| --- | --- |
| 素材文件 | 无 |
| 程序文件 | 实例文件 \06\ 源文件 \ 实例26：通过计算为时钟添加秒针 .sb3 |

### 步骤详解

**步骤 01** 绘制"秒针"角色。先用"矩形"工具绘制一个黑色矩形，再用"选择"工具移动矩形，使绘图区中心点在矩形中位于偏左的位置。然后选择"线段"工具，按住 Shift 键的同时在矩形右侧绘制一条红色的水平线段。

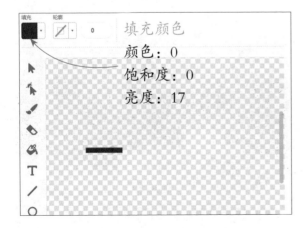

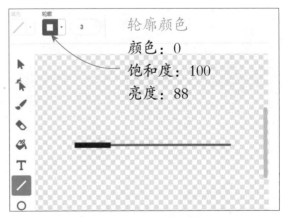

步骤 **02** 选中"秒针"角色，通过编写脚本，计算出秒针的指向。

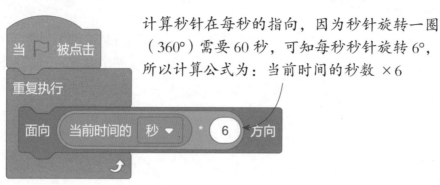

计算秒针在每秒的指向，因为秒针旋转一圈（360°）需要60秒，可知每秒秒针旋转6°，所以计算公式为：当前时间的秒数×6

秒针

## 实例27 比较大小制作大鱼吃小鱼游戏

本实例要制作一个大鱼吃小鱼的游戏。在游戏过程中，舞台上会有一只鲨鱼和一只小鱼，它们被各自随机分配了一个 1～20 之间的数字，玩家需要用鼠标控制鲨鱼移动去"吃"小鱼。如果鲨鱼的数字比小鱼的数字大，则小鱼被"吃掉"；如果小鱼的数字比鲨鱼的数字大，则小鱼向舞台右侧游走逃脱。在小鱼被"吃掉"或逃脱后，会有新的小鱼从舞台左侧游入。在编写脚本时，主要运用"运算"模块下的"（）<（）"积木块来比较数字的大小，以判断鲨鱼是否能"吃掉"小鱼。

| 难度指数 | ★★★★☆ |
| --- | --- |
| 素材文件 | 无 |
| 程序文件 | 实例文件 \06\ 源文件 \ 实例 27：比较大小制作大鱼吃小鱼游戏 .sb3 |

## 🎯 技术要点：比较运算符

在 Scratch 中，可以应用"运算"模块下的比较运算符来比较两个值的大小，即大于、小于、等于，如下图所示，此类运算符全部是六边形积木块。由于比较运算符主要用来测试两个值之间的关系，所以也叫关系运算符。

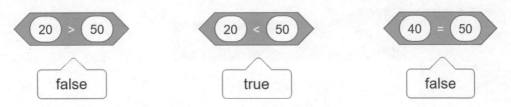

比较运算符除了能比较数值，还可以比较字符串。以由英文字母组成的字符串为例，比较时根据字母表的排列顺序，靠前的字母比靠后的字母小，并且会自动忽略字母的大小写，如下左图所示。如果字符串包含空格，那么空格也会作为字符串的一部分参与到比较中，如下右图所示。

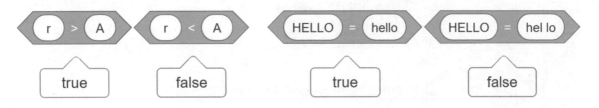

## 🎯 步骤详解

**步骤 01** 创建一个新的 Scratch 项目，添加背景库中的"Underwater 2"背景。创建"吃掉小鱼数量""小鱼数字""鲨鱼数字"3 个变量，分别用于存储鲨鱼吃掉的小鱼数量、分配给小鱼的数字、分配给鲨鱼的数字。

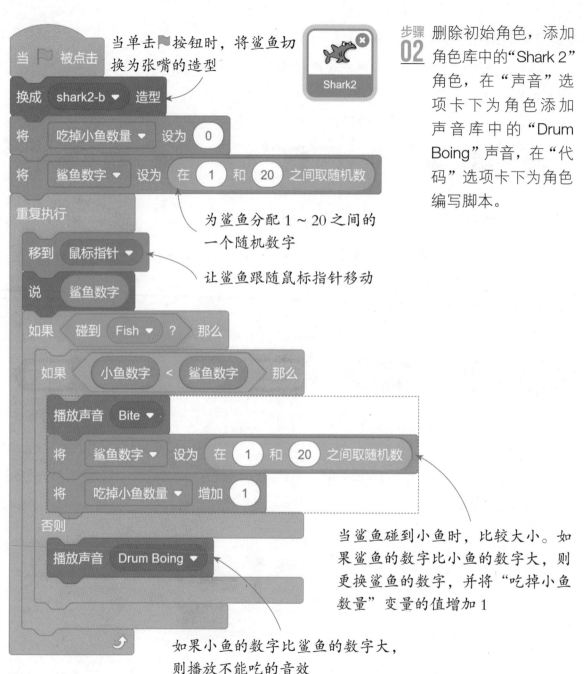

当单击▶按钮时，将鲨鱼切换为张嘴的造型

当 ▶ 被点击

换成 shark2-b ▼ 造型

将 吃掉小鱼数量 ▼ 设为 0

将 鲨鱼数字 ▼ 设为 在 1 和 20 之间取随机数

为鲨鱼分配 1 ~ 20 之间的一个随机数字

重复执行

移到 鼠标指针 ▼

让鲨鱼跟随鼠标指针移动

说 鲨鱼数字

如果 碰到 Fish ▼ ？ 那么

如果 小鱼数字 < 鲨鱼数字 那么

播放声音 Bite ▼

将 鲨鱼数字 ▼ 设为 在 1 和 20 之间取随机数

将 吃掉小鱼数量 ▼ 增加 1

否则

播放声音 Drum Boing ▼

当鲨鱼碰到小鱼时，比较大小。如果鲨鱼的数字比小鱼的数字大，则更换鲨鱼的数字，并将"吃掉小鱼数量"变量的值增加 1

如果小鱼的数字比鲨鱼的数字大，则播放不能吃的音效

步骤 02 删除初始角色，添加角色库中的"Shark 2"角色，在"声音"选项卡下为角色添加声音库中的"Drum Boing"声音，在"代码"选项卡下为角色编写脚本。

Shark2

步骤 **03** 添加角色库中的 "Fish" 角色,为角色编写脚本。当单击 ▶ 按钮时,小鱼以随机挑选的造型从舞台左侧面向舞台右侧游动,同时说出 1 ～ 20 之间的一个随机数字。当小鱼碰到鲨鱼时,比较数字大小,如果小鱼的数字比鲨鱼的数字小,则小鱼被隐藏,表示被 "吃掉",然后移回舞台左侧重新开始。

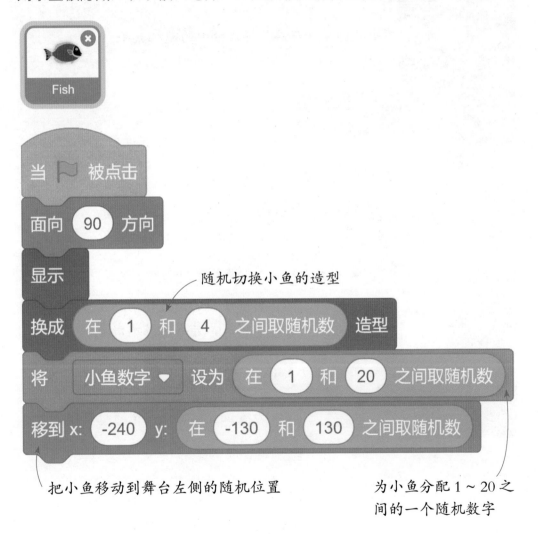

随机切换小鱼的造型

把小鱼移动到舞台左侧的随机位置

为小鱼分配 1 ～ 20 之间的一个随机数字

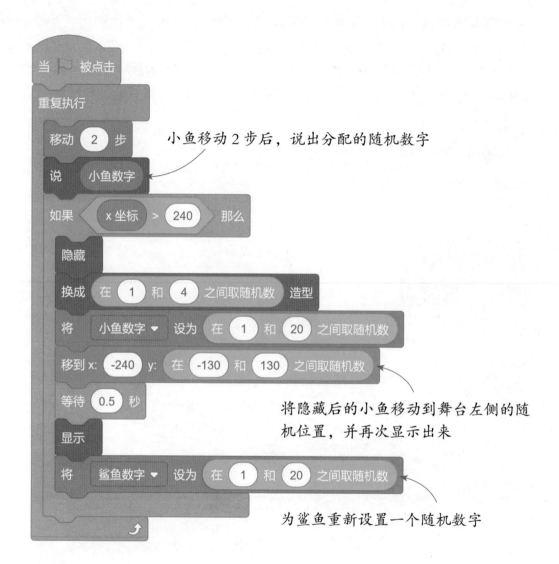

当 ▶ 被点击

重复执行

　移动 2 步　　　　小鱼移动 2 步后，说出分配的随机数字

　说 小鱼数字

　如果 x 坐标 > 240 那么

　　隐藏

　　换成 在 1 和 4 之间取随机数 造型

　　将 小鱼数字 ▼ 设为 在 1 和 20 之间取随机数

　　移到 x: -240 y: 在 -130 和 130 之间取随机数

　　　　　　　　　将隐藏后的小鱼移动到舞台左侧的随机位置，并再次显示出来

　　等待 0.5 秒

　　显示

　　将 鲨鱼数字 ▼ 设为 在 1 和 20 之间取随机数

　　　　　　　　　为鲨鱼重新设置一个随机数字

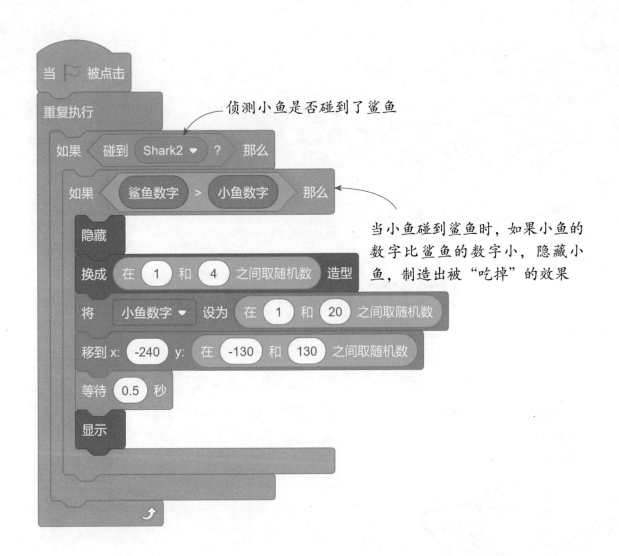

侦测小鱼是否碰到了鲨鱼

当小鱼碰到鲨鱼时，如果小鱼的数字比鲨鱼的数字小，隐藏小鱼，制造出被"吃掉"的效果

# 好玩游戏自己做

这一章我们将会在前面章节所学知识的基础上进行延伸扩展和融会贯通，综合应用 Scratch 的多个模块，打造 3 个好玩的游戏。一起动手来创造自己的游戏乐园吧！

## 实例28　角色触碰制作欢乐打地鼠

本实例要制作一个打地鼠的游戏，玩家可用鼠标控制锤子击打地洞中随机出现的地鼠，并有 3 次错失的机会，若 3 次机会用完，则游戏结束。在制作的过程中，主要利用角色触碰识别锤子是否打中了地鼠。

| **难度指数** | ★ ★ ★ ★ ★ ★ |
| --- | --- |
| **素材文件** | 实例文件 \07\ 素材 \ 锤子 .png、地洞 .png、地鼠 .png |
| **程序文件** | 实例文件 \07\ 源文件 \ 实例 28：角色触碰制作欢乐打地鼠 .sb3 |

### 步骤详解

**步骤 01** 创建一个新的 Scratch 项目，上传自定义的"地洞"背景，然后通过复制并编辑的方式创建游戏结束时显示的"输了"背景。

① 右击"地洞"背景，在弹出的快捷菜单中选择"复制"命令

② 将背景名更改为"输了"

③ 用"文本"工具输入文字

步骤 **02** 删除初始角色，上传自定义的"锤子"和"地鼠"角色，调整角色的位置和大小。通过复制并编辑的方式为"锤子"角色添加"挥锤造型"造型。

步骤 **03** 选中"锤子"角色，为角色编写脚本。在游戏开始时，让角色切换为"挥锤造型"造型，并让角色显示在舞台的最前面。

① 添加"事件"模块下的"当▶被点击"积木块

② 添加"外观"模块下的"换成（挥锤造型）造型"积木块

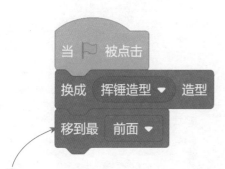

③ 添加"外观"模块下的"移到最（前面）"
积木块

④ 添加"控制"模块下的"等待（1）秒"
积木块

步骤 **04** 实现应用鼠标移动控制"锤子"角色的移动。

① 添加"控制"模块
下的"重复执行"
积木块

② 添加"运动"模块下的
"移到（随机位置）"
积木块

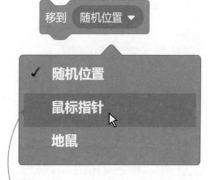

③ 单击"随机位置"右侧
的下拉按钮，在展开的
列表中选择"鼠标指针"
选项

**步骤 05** 通过侦测的方式判断玩家是否按下鼠标。

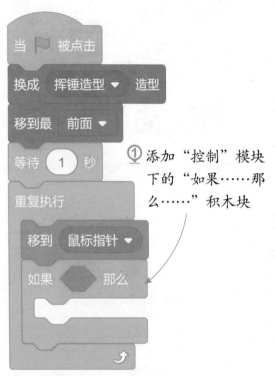

① 添加"控制"模块下的"如果……那么……"积木块

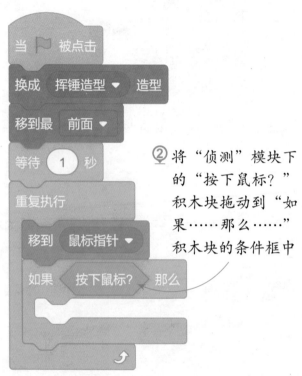

② 将"侦测"模块下的"按下鼠标？"积木块拖动到"如果……那么……"积木块的条件框中

**步骤 06** 如果侦测到玩家按下鼠标，则将"锤子"角色的造型切换为"落锤造型"造型，并在等待一定时间后重新切换为"挥锤造型"造型。

① 添加"外观"模块下的"换成（挥锤造型）造型"积木块

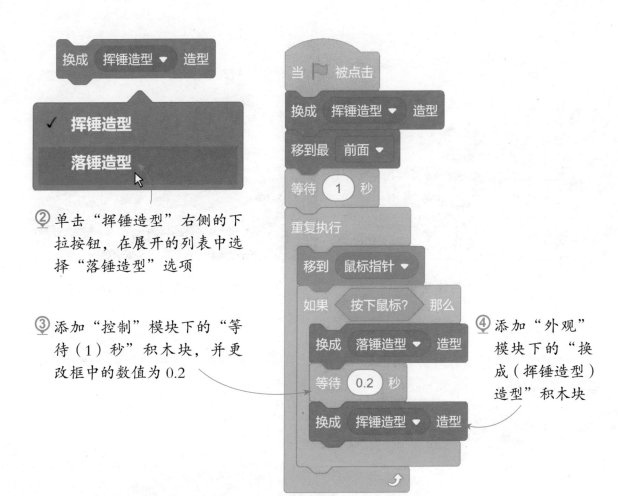

② 单击"挥锤造型"右侧的下拉按钮，在展开的列表中选择"落锤造型"选项

③ 添加"控制"模块下的"等待（1）秒"积木块，并更改框中的数值为 0.2

④ 添加"外观"模块下的"换成（挥锤造型）造型"积木块

**步骤 07** 创建脚本需要的变量，设置仅让"得分"和"生命值"变量显示在舞台上，并适当调整它们在舞台上的位置。

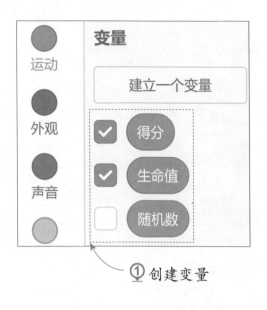

① 创建变量

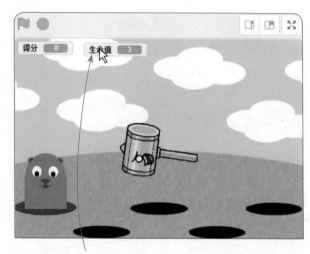

② 将"生命值"变量移到"得分"变量右侧

**步骤 08** 选中"地鼠"角色，为角色编写脚本。在游戏开始时，设置"得分"变量的初始值为 0。

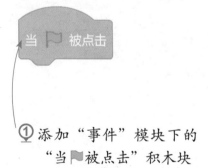

① 添加"事件"模块下的"当▐被点击"积木块

② 添加"变量"模块下的"将（得分）设为（0）"积木块

步骤 **09** 继续设置"生命值"变量的初始值为 3。

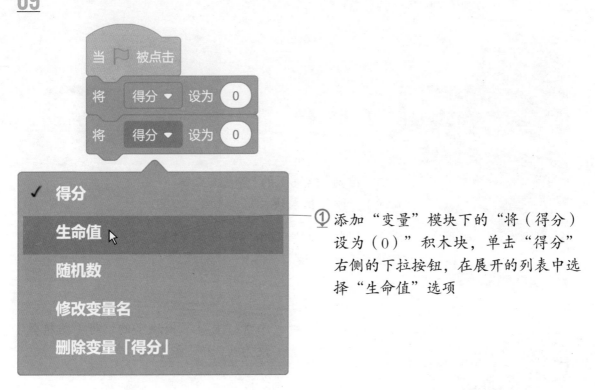

① 添加"变量"模块下的"将（得分）设为（0）"积木块，单击"得分"右侧的下拉按钮，在展开的列表中选择"生命值"选项

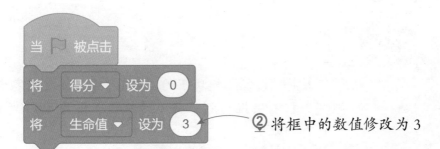

② 将框中的数值修改为 3

步骤 **10** 在等待 1 秒后，开始执行循环，并通过随机设置"随机数"变量的值，指定"地鼠"角色出现的地洞编号。

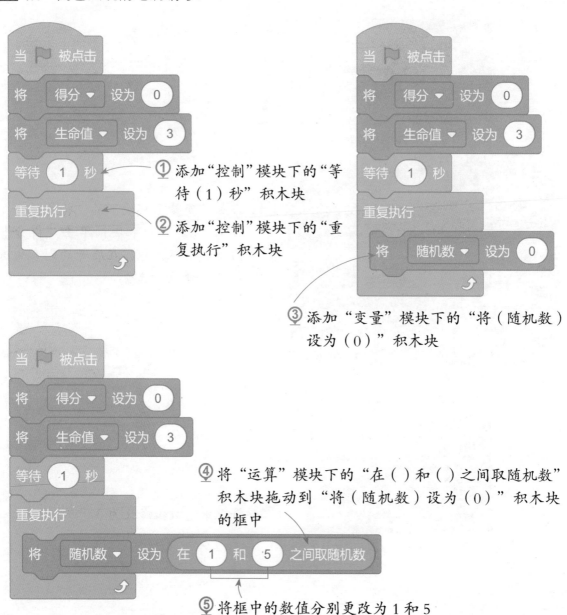

① 添加"控制"模块下的"等待（1）秒"积木块

② 添加"控制"模块下的"重复执行"积木块

③ 添加"变量"模块下的"将（随机数）设为（0）"积木块

④ 将"运算"模块下的"在（）和（）之间取随机数"积木块拖动到"将（随机数）设为（0）"积木块的框中

⑤ 将框中的数值分别更改为 1 和 5

**步骤 11** 当"随机数"变量的值为 1 时,将"地鼠"角色移动到第 1 行左侧的地洞中。

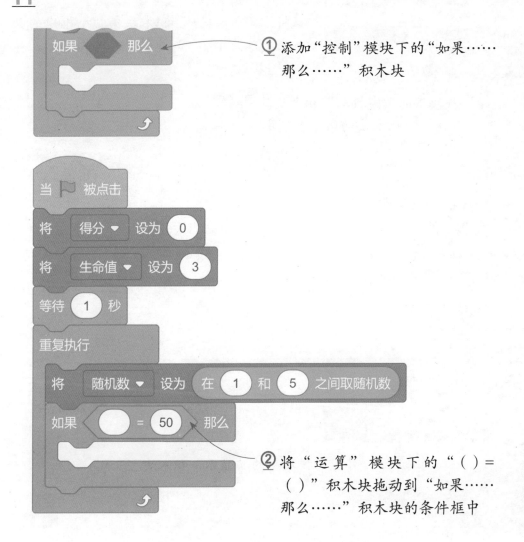

① 添加"控制"模块下的"如果……那么……"积木块

② 将"运算"模块下的"( )=( )"积木块拖动到"如果……那么……"积木块的条件框中

④ 将 "（ ）=（ ）" 积木块第 2 个框中的数值更改为 1

③ 将 "变量" 模块下的 "随机数" 积木块拖动到 "（ ）=（ ）" 积木块的第 1 个框中

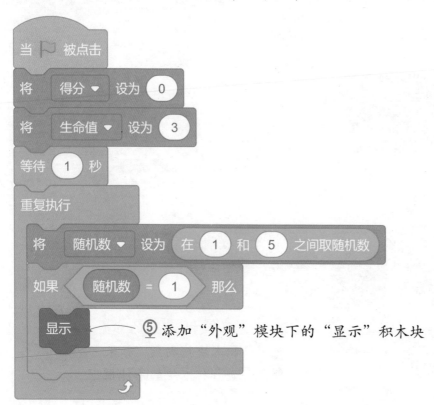

⑤ 添加 "外观" 模块下的 "显示" 积木块

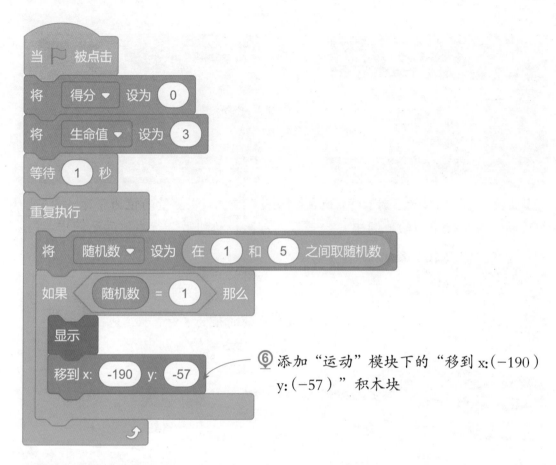

⑥ 添加"运动"模块下的"移到 x:（-190）y:（-57）"积木块

步骤 **12** 按照相同的原理，继续指定"地鼠"角色出现的地洞。

当"随机数"变量的值为 2 时，将"地鼠"角色移动到第 2 行左侧的地洞中

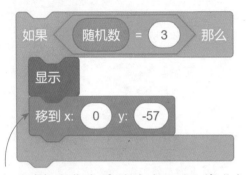

当"随机数"变量的值为 3 时，将"地鼠"
角色移动到第 1 行中间的地洞中

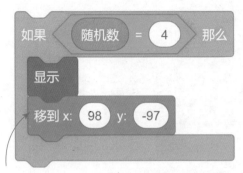

当"随机数"变量的值为 4 时，将"地鼠"
角色移动到第 2 行右侧的地洞中

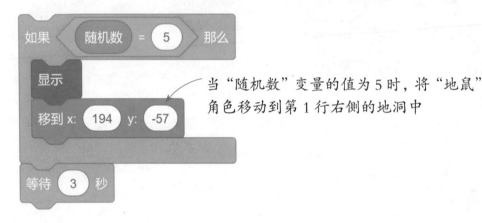

当"随机数"变量的值为 5 时，将"地鼠"
角色移动到第 1 行右侧的地洞中

**步骤 13** 单击 ▶ 按钮，运行当前脚本，就可以看到舞台上随机出现的地鼠。在"声音"选项卡下为"地鼠"角色添加声音库中的"Boing"声音，作为地鼠被打中时的音效，在后面编写脚本时需要用到。

**步骤 14** 继续为"地鼠"角色编写脚本。当单击 ▶ 按钮时，等待 1 秒后开始进行无限次的循环打地鼠的操作。

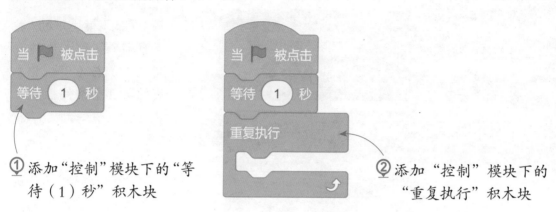

① 添加"控制"模块下的"等待（1）秒"积木块

② 添加"控制"模块下的"重复执行"积木块

**步骤 15** 只有当玩家操控的"锤子"角色碰到了"地鼠"角色，并且玩家单击了鼠标时，才能判定玩家用锤子打中了地鼠。角色触碰的侦测比较简单，难点在于单击鼠标的侦测，这是因为 Scratch 未直接提供相应的积木块。实际上，鼠标的单击可分解为"按下→松开"的两个状态，通过分别侦测这两个状态即可达到目的。先使用"按下鼠标？"积木块来完成"按下"状态的侦测。

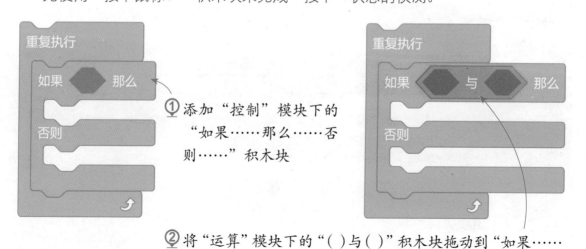

① 添加"控制"模块下的"如果……那么……否则……"积木块

② 将"运算"模块下的"（ ）与（ ）"积木块拖动到"如果……那么……否则……"积木块的条件框中

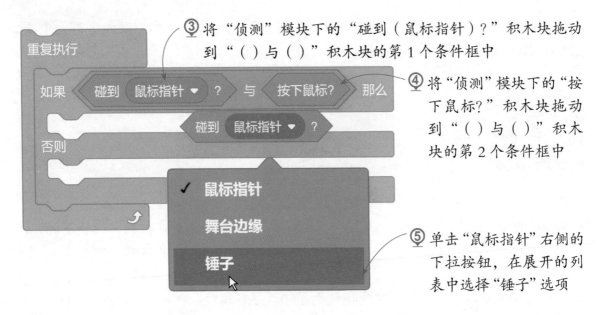

③ 将"侦测"模块下的"碰到（鼠标指针）？"积木块拖动到"（）与（）"积木块的第1个条件框中

④ 将"侦测"模块下的"按下鼠标？"积木块拖动到"（）与（）"积木块的第2个条件框中

⑤ 单击"鼠标指针"右侧的下拉按钮，在展开的列表中选择"锤子"选项

**步骤 16** 侦测到鼠标的"按下"状态后，还要接着侦测鼠标的"松开"状态。Scratch 未直接提供相应的积木块，这里通过结合运用"等待（）""（）不成立""按下鼠标？"这3个积木块来达到目的。

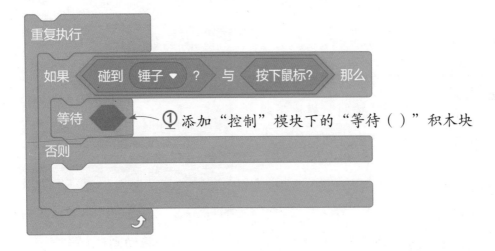

① 添加"控制"模块下的"等待（）"积木块

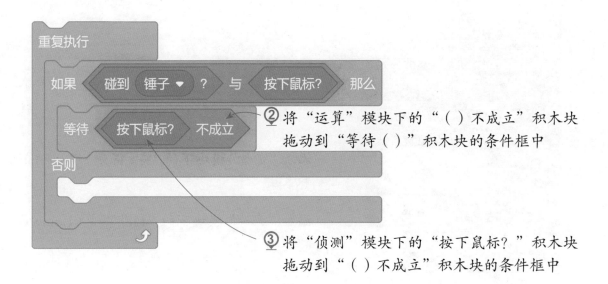

② 将"运算"模块下的"（ ）不成立"积木块
拖动到"等待（ ）"积木块的条件框中

③ 将"侦测"模块下的"按下鼠标？"积木块
拖动到"（ ）不成立"积木块的条件框中

步骤 17 判定玩家用锤子打中了地鼠后，需要将"地鼠"角色隐藏起来，制造出地鼠缩回地洞的效果，然后将"得分"变量的值增加 1，并播放之前添加的"Boing"声音，让游戏更生动。

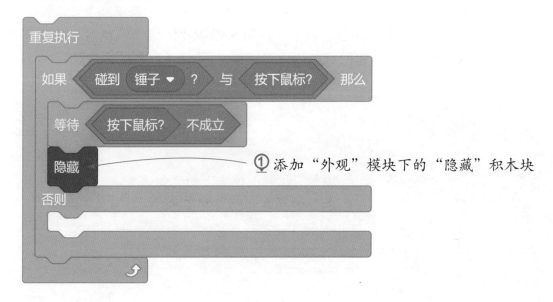

① 添加"外观"模块下的"隐藏"积木块

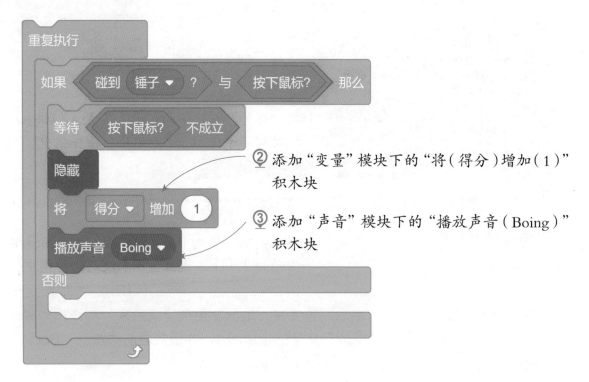

② 添加"变量"模块下的"将(得分)增加(1)"积木块

③ 添加"声音"模块下的"播放声音(Boing)"积木块

**步骤 18** 只有当玩家单击了鼠标，并且"锤子"角色未碰到"地鼠"角色时，才能判定玩家未打中地鼠。侦测单击鼠标的脚本可参考步骤 15 和 16 的方法编写。

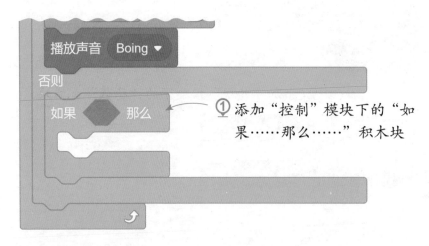

① 添加"控制"模块下的"如果……那么……"积木块

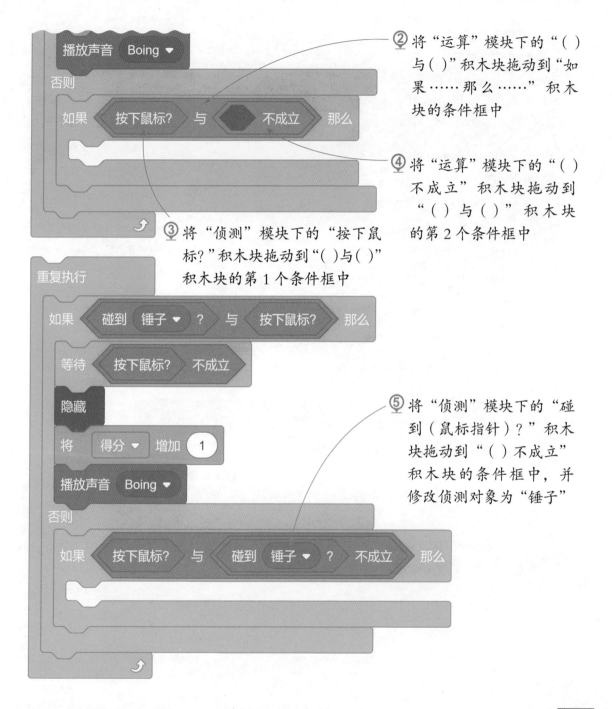

播放声音 Boing ▾

否则

如果 按下鼠标? 与 不成立 那么

② 将"运算"模块下的"（ ）与（ ）"积木块拖动到"如果……那么……"积木块的条件框中

④ 将"运算"模块下的"（ ）不成立"积木块拖动到"（ ）与（ ）"积木块的第2个条件框中

③ 将"侦测"模块下的"按下鼠标？"积木块拖动到"（ ）与（ ）"积木块的第1个条件框中

重复执行

如果 碰到 锤子 ▾ ？ 与 按下鼠标? 那么

等待 按下鼠标? 不成立

隐藏

将 得分 ▾ 增加 1

播放声音 Boing ▾

否则

如果 按下鼠标? 与 碰到 锤子 ▾ ？ 不成立 那么

⑤ 将"侦测"模块下的"碰到（鼠标指针）？"积木块拖动到"（ ）不成立"积木块的条件框中，并修改侦测对象为"锤子"

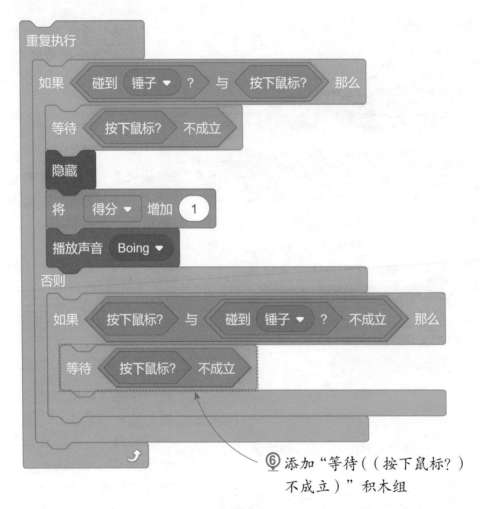

⑥ 添加"等待（（按下鼠标？）
不成立）"积木组

步骤 **19** 判定玩家未打中地鼠后，需要将"生命值"变量的值减少 1，再等待一定时间，开始下一轮的循环操作。

① 添加"变量"模块下的"将（生命值）增加（ ）"积木块，将框中的数值更改为 −1

② 添加"控制"模块下的"等待（ ）秒"积木块，将框中的数值更改为 0.5

**步骤 20** 当"生命值"变量的值小于 1 时，就表示玩家输了，此时切换成"输了"的背景，并停止所有脚本的运行。

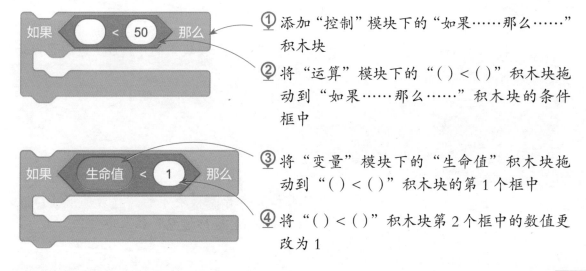

① 添加"控制"模块下的"如果……那么……"积木块

② 将"运算"模块下的"（ ）<（ ）"积木块拖动到"如果……那么……"积木块的条件框中

③ 将"变量"模块下的"生命值"积木块拖动到"（ ）<（ ）"积木块的第 1 个框中

④ 将"（ ）<（ ）"积木块第 2 个框中的数值更改为 1

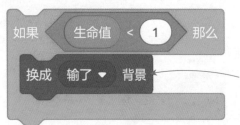

⑤ 添加"外观"模块下的"换成（输了）背景"
积木块

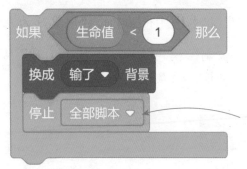

⑥ 添加"控制"模块下的"停止（全部脚本）"
积木块

步骤 21 在舞台设置区选中背景，在"声音"选项卡下为背景添加声音库中的"Dance Slow Mo"声音，作为游戏的背景音乐，然后为背景编写脚本。

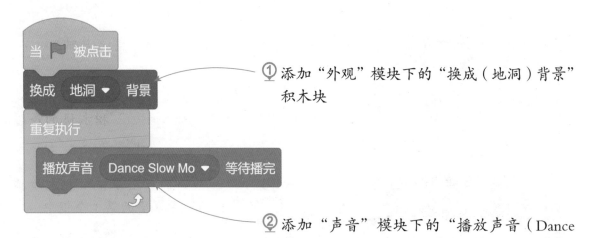

① 添加"外观"模块下的"换成（地洞）背景"
积木块

② 添加"声音"模块下的"播放声音（Dance Slow Mo）等待播完"积木块

**步骤 22** 将编写好的积木块组合起来，得到"地鼠"角色的完整脚本。单击▶按钮，运行脚本，玩一玩自己制作的游戏吧。

单击▶按钮

## 实例29 利用侦测制作英语对对碰

本实例要制作一个将图像和英语单词配对的游戏。在游戏过程中，舞台上会显示 3 种动物的图像和对应的英语单词，玩家需要将单词拖动到对应的动物图像上进行匹配，当所有单词和图片都匹配正确时便获胜。在制作的过程中，主要利用角色触碰识别单词和图片是否匹配正确。

**难度指数**

**素材文件** 实例文件 \07\ 素材 \ 游戏名字 .png、游戏介绍 .png、熊 .png、狮子 .png、熊猫 .png

**程序文件** 实例文件 \07\ 源文件 \ 实例 29：利用侦测制作英语对对碰 .sb3

## 步骤详解

**步骤 01** 创建一个新的 Scratch 项目，在舞台设置区选中背景，在"造型"选项卡中将"背景 1"重命名为"游戏介绍背景"，用"矩形"工具绘制与舞台等大的橙色矩形。

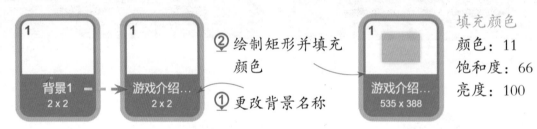

② 绘制矩形并填充颜色

① 更改背景名称

填充颜色
颜色：11
饱和度：66
亮度：100

**步骤 02** 添加背景库中的"Stripes"背景，将其重命名为"答题背景"。再上传自定义的"胜利背景"背景，然后用"文本"工具在背景中添加文字"You win!"。

① 添加"Stripes"背景

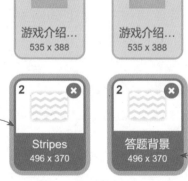

② 更改名称为"答题背景"

③ 上传"胜利背景"

④ 在背景中添加文字

**步骤 03** 选中编辑好的背景，在"代码"选项卡下为背景编写脚本。

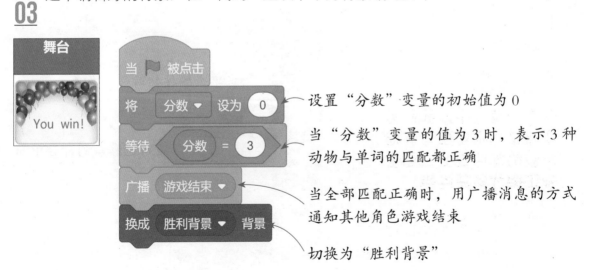

设置"分数"变量的初始值为 0

当"分数"变量的值为 3 时，表示 3 种动物与单词的匹配都正确

当全部匹配正确时，用广播消息的方式通知其他角色游戏结束

切换为"胜利背景"

步骤 **04** 上传自定义的"游戏名字"角色，为角色编写脚本。这个角色只需要在游戏刚启动时显示在舞台上，当接收到"游戏开始"的消息时，这个角色即可隐藏。

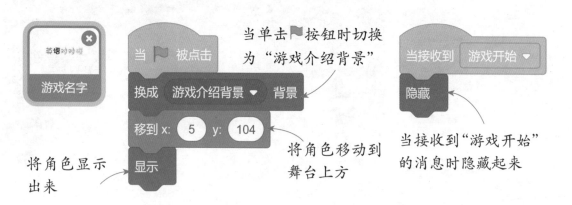

当单击 ▶ 按钮时切换为"游戏介绍背景"

将角色移动到舞台上方

将角色显示出来

当接收到"游戏开始"的消息时隐藏起来

步骤 **05** 上传自定义的"游戏介绍"角色，为角色编写脚本。在游戏刚启动时显示角色，在显示一段时间后隐藏起来，并广播"游戏开始"的消息。

在这个游戏中，我们需要将单词拖曳至与其相对应的图片之上，要全部正确才能获胜哦！

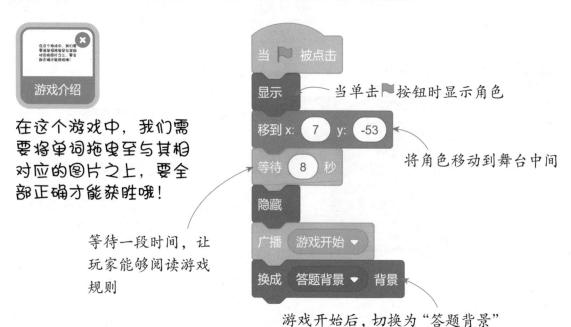

当单击 ▶ 按钮时显示角色

将角色移动到舞台中间

等待一段时间，让玩家能够阅读游戏规则

游戏开始后，切换为"答题背景"

**步骤 06** 上传自定义的"狮子"角色，为角色编写脚本。在游戏开始之前隐藏角色，当接收到"游戏开始"的消息时显示出来，当接收到"游戏结束"的消息时隐藏起来。

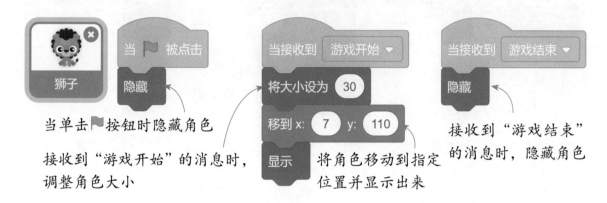

当单击▶按钮时隐藏角色

接收到"游戏开始"的消息时，
调整角色大小

将角色移动到指定
位置并显示出来

接收到"游戏结束"
的消息时，隐藏角色

**步骤 07** 上传自定义的"熊猫"角色，为角色编写脚本。编写思路与"狮子"角色相同，只需要修改角色的位置。

更改角色的显示位置

**步骤 08** 上传自定义的"熊"角色，为角色编写脚本。编写思路与前两个角色相同，同样也只需要修改角色的位置。

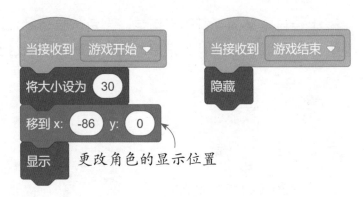

更改角色的显示位置

**步骤 09** 通过"绘制"的方式创建"lion"角色，在"造型"选项卡下用"文本"工具在绘图区输入单词"lion"。为"lion"角色编写脚本，实现在游戏开始之前隐藏角色；当接收到"游戏开始"的消息时，显示角色；如果碰到与单词对应的动物角色，将分数增加 1；当接收到"游戏结束"的消息时，隐藏角色。

单击 ▶ 按钮时隐藏角色

接收到"游戏开始"的消息时，调整角色大小并将其移动到指定位置

侦测是否碰到单词对应的动物图像

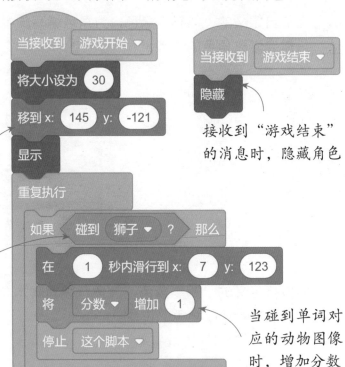

接收到"游戏结束"的消息时，隐藏角色

当碰到单词对应的动物图像时，增加分数

步骤 **10** 通过"绘制"的方式创建"panda"角色，在"造型"选项卡中用"文本"工具在绘图区输入单词"panda"。为"panda"角色编写脚本，其编写思路与"lion"角色相同。

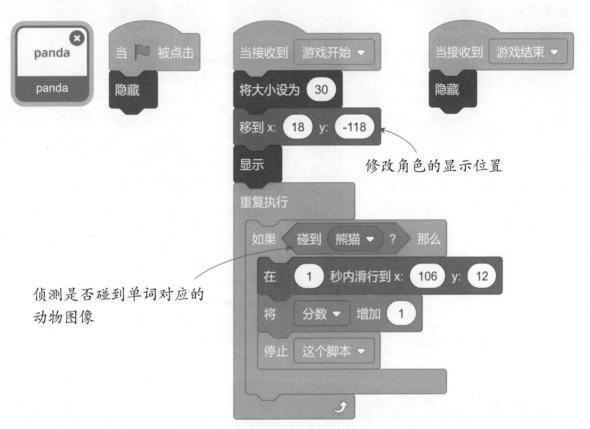

修改角色的显示位置

侦测是否碰到单词对应的动物图像

步骤 **11** 通过"绘制"的方式创建"bear"角色，在"造型"选项卡中用"文本"工具在绘图区输入单词"bear"。为"bear"角色编写脚本，其编写思路与上述两个角色相同。

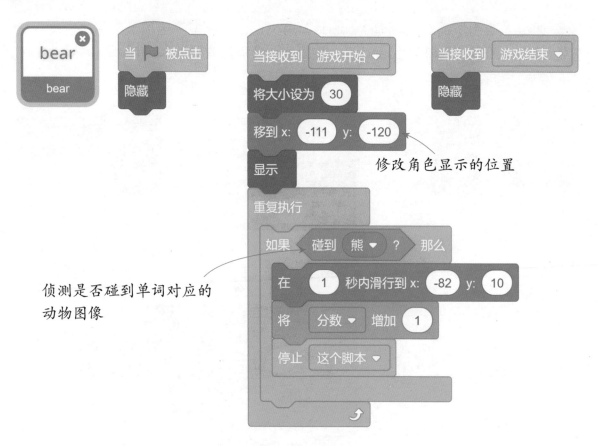

侦测是否碰到单词对应的
动物图像

修改角色显示的位置

## 实例30　重力因素制作小猫下100层

本实例将利用自制积木块制作一个小猫下 100 层的游戏。在游戏的过程中，玩家用←键和→键控制小猫左右移动，下落在从舞台底部不断升起的平台上，小猫既不能碰到舞台顶端的倒刺，也不能直接掉落到舞台底部，否则游戏结束。

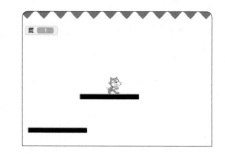

| 难度指数 | ★ ★ ★ ★ ★ |
| --- | --- |
| 素材文件 | 实例文件 \07\ 素材 \ 倒刺 .png |
| 程序文件 | 实例文件 \07\ 源文件 \ 实例 30：重力因素制作小猫下 100 层 .sb3 |

## 步骤详解

**步骤 01** 创建一个新的 Scratch 项目，将初始角色重命名为"小猫"，上传自定义的"倒刺"角色，绘制一个大小适当的黑色矩形作为"地形"角色。在角色区调整这些角色的位置、大小等参数，得到初始的舞台效果。

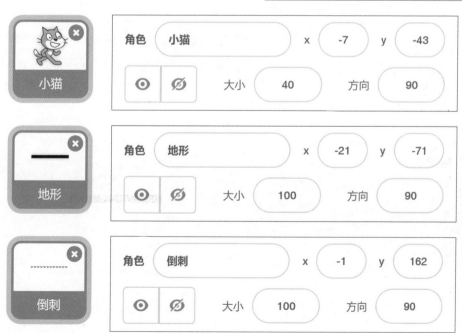

| 角色 | 小猫 | x | -7 | y | -43 |
| --- | --- | --- | --- | --- | --- |
| 👁 ⌀ | 大小 | 40 | 方向 | 90 | |

| 角色 | 地形 | x | -21 | y | -71 |
| --- | --- | --- | --- | --- | --- |
| 👁 ⌀ | 大小 | 100 | 方向 | 90 | |

| 角色 | 倒刺 | x | -1 | y | 162 |
| --- | --- | --- | --- | --- | --- |
| 👁 ⌀ | 大小 | 100 | 方向 | 90 | |

技巧提示："地形"角色的绘制要点 --------------------------------

　　·绘制的矩形的中心点要尽量与绘图区的中心点重合，以便控制角色在舞台上的位置。

　　·绘制的矩形的长度要合适，不能太长也不能太短。如果太长，会出现小猫无法往下走的情况；如果太短，则会出现两个平台之间相距太远的情况，让小猫很难从一个平台落到另一个平台，很容易就坠落到舞台底部。

**步骤 02** 在"变量"模块下创建变量。"层"变量用于累计小猫下落的层数；"爬坡高度"变量用于存储小猫下落的高度；"速度"变量用于存储平台上升的速度；"下落"变量用于存储小猫所处的状态，是在平台上还是处于下落的状态；"重力"变量用于存储小猫下落时增加的速度。勾选"层"变量，让其显示在舞台上，并适当拖动调整位置；取消勾选其他变量。

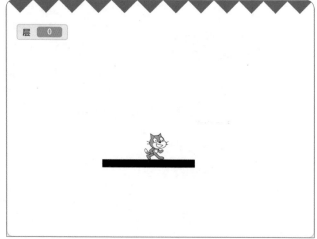

**步骤 03** 选中"小猫"角色，开始为其编写脚本。创建一个自定义积木块，其作用是在游戏开始时确保"小猫"角色一定能下落到一个平台上，并在游戏过程中确保"小猫"角色在平台上时能够停留，不会下落。

判断"小猫"角色是否处于悬空状态，若头顶碰墙，则减小 y 坐标，若未碰墙，则增大 y 坐标

 技巧提示：创建带输入项的自定义积木块

　　在实例 20 中创建的自定义积木块是不带输入项的，本实例要创建的自定义积木块则带有输入项。在"自制积木"模块下单击"制作新的积木"按钮，在输入框中输入自定义积木块的名称后，即可根据需要在下方选择不同类型的输入项，添加到自定义积木块中。数字或文本类型输入项的形状是圆角矩形，布尔值类型输入项的形状是六边形。

**步骤 04** 创建一个自定义积木块，其作用是根据指定的方向和距离修改"小猫"角色在舞台上的位置，实现"小猫"角色的移动。

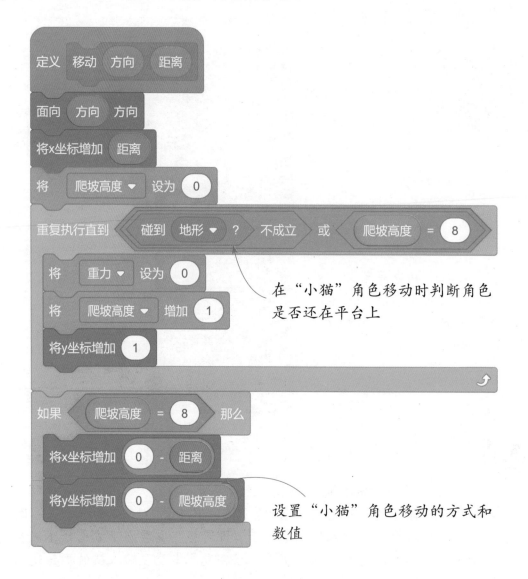

在"小猫"角色移动时判断角色是否还在平台上

设置"小猫"角色移动的方式和数值

步骤 **05** 继续编写一组脚本，让"小猫"角色在下落过程中表现出受到重力因素的影响，更符合物理学的原理。

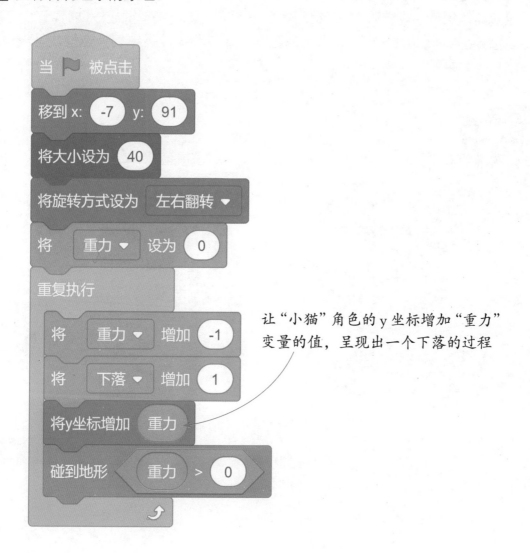

让"小猫"角色的 y 坐标增加"重力"变量的值，呈现出一个下落的过程

步骤 **06** 继续编写两组脚本。第一组脚本用于判断游戏是否结束，即当"小猫"角色下落到舞台底部或碰到舞台顶部的"倒刺"角色时，广播"gameover"的消息，通知其他角色游戏结束。第二组脚本用于实现在玩家按←键或→键时，让"小猫"角色分别向相应的方向移动指定的距离，并在移动过程中切换造型，呈现出更生动的效果。

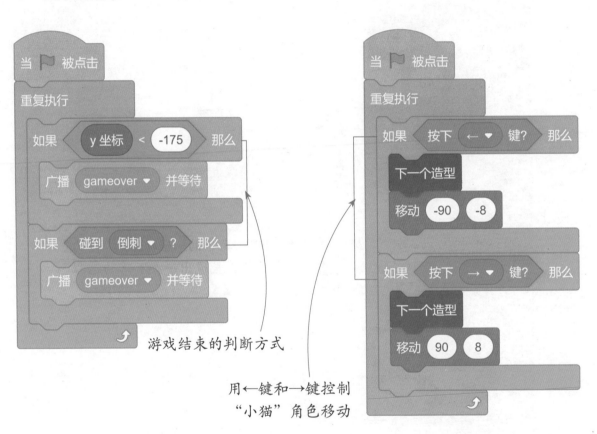

游戏结束的判断方式

用←键和→键控制
"小猫"角色移动

步骤 **07** 选中"地形"角色，为角色编写脚本。我们需要让"地形"角色不断从舞台底部产生，并不停上升。

地形

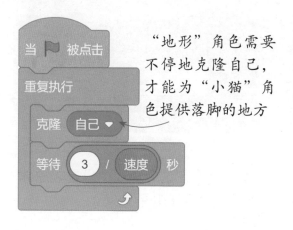

"地形"角色需要不停地克隆自己，才能为"小猫"角色提供落脚的地方

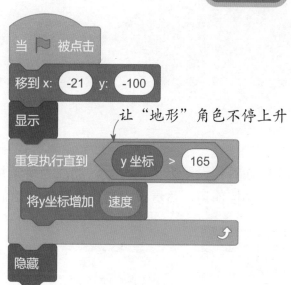

让"地形"角色不停上升

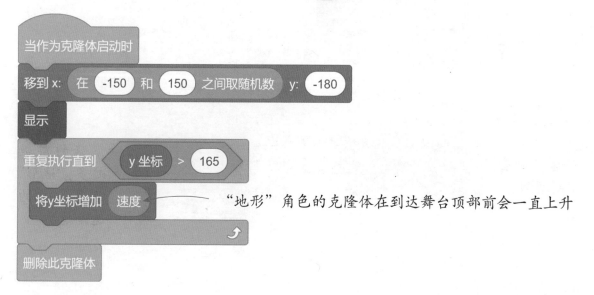

"地形"角色的克隆体在到达舞台顶部前会一直上升

步骤 **08** 通过"绘制"的方式创建"游戏结束"角色，在绘图区中输入文字"GAME OVER"，然后为"游戏结束"角色编写脚本，让它在游戏结束时出现在舞台上。

该角色一显示便结束游戏

步骤 **09** 在舞台设置区选中背景，然后为背景编写脚本。背景在这个游戏中只是起总体调控作用，负责设置游戏变量的初始值，以及控制地形上升的速度。

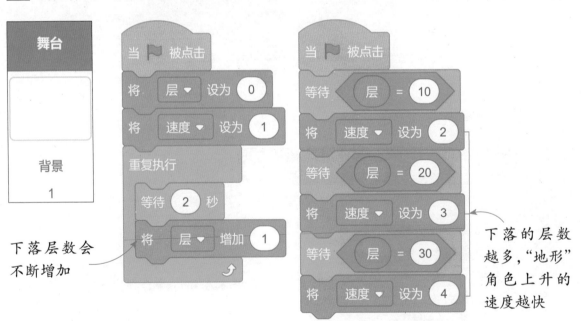

下落层数会不断增加

下落的层数越多，"地形"角色上升的速度越快